ベテランの技を盗め！
設計ミス防止のための
検図の着眼点と進め方

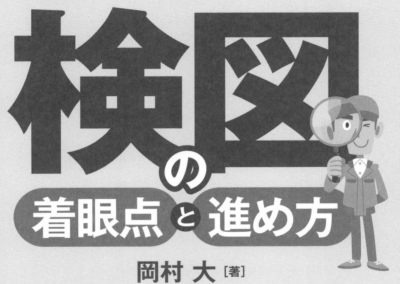

岡村 大［著］

日刊工業新聞社

はじめに

　ものづくりは、設計に始まって設計で終わるというのが、長年ものづくりに関わってきた筆者の実感です。ほんの些細な設計上の懸念や、たとえ一個所でも製図の記入漏れがあれば、ものづくりはひたすら手戻りを繰り返します。仮に、設計サイドが終了したと思っても、現場で組み立てるときに干渉があれば再度やり直しが必要になり、設計はいつまでたっても終わりません。

　加えて、設計の責任とは言えないようなトラブルが起こったときでさえ、設計には、トラブル対策や、不良再発防止策を求められることになります。さらには、納入先の機械使用者や消費者からのクレームがあっても、まずは設計の対応が求められるのというのが製造業全般で見られる光景ではないでしょうか。

　本書のテーマである検図は、こうしたものづくりのプロセス全般にわたって発生する各種不良やポカミス、また客先クレーム等を、いかに設計で未然に防止するかという目的を持って実施されています。

　昨今、製造業の海外進出に伴って、特に海外工場で作られた製品と、国内工場で作られた製品との品質の開きで苦慮しておられる企業が多くみられます。同じ構図は、グローバル調達の現場でも多く見られます。こうした問題を見ても、あらためて検図を見直すことに大きな意義があることがおわかりいただけるのではないでしょうか。

　検図は、設計図に表現されている設計者のアイデアや意図、またものづくりの方法を表現した経緯を丹念に辿り、今より上等なやり方やノウハウを加えてさらに良くしようというものなので、元来、たいへん経験を求められる、難易度の高い作業です。一方、設計者による自己検図についても、ルーティン作業であるとは言え、アイデアも含めて高いレベルの技術や引出しを求められるミッションと言えます。

　筆者は幸なことに、1960年代始めから現在に至るまで、55年にわたって設

はじめに

計の第一線で実務に携わることができました。その一方で、大学やセミナーでの講師経験を通じて、工学教育にも長年携わらせていただいており、現在でも、2足、3足のわらじを履いたエンジニアとして営みを続けています。本書では、そうした経験をもとに、検図や良いものづくりに必要な視点をできるだけ多く提供したつもりです。本書の内容が、読者諸氏の設計・開発に活用され、少しでもお役に立てることを願ってやみません。

平成28年8月吉日

著　者

目　　次

第1章　検図力とは、すなわち設計力である ……………………… 1

 1-1　なぜ今、検図力強化が必要なのか ………………………………… 2
 1-2　検図作業のポイントとは何か ……………………………………… 3
 1-3　社員全員が設計者になれ …………………………………………… 4
 1-4　設計では、失敗を折り込むことが重要 …………………………… 5
 Column ①3次元 CAD 設計では、計画図と組立図は一体である！ ……… 7
 1-5　まずは、設計の方向性を検討する ………………………………… 12
 1-6　設計のどんな場面で検図が必要になるか ………………………… 14
 1-7　検図には、補助ツールを上手に使おう …………………………… 16
 1-8　検図には、どれだけの人数と時間が必要なのか ………………… 18
 1-9　図面に表現されていることだけではわからないことがある
   ………………………………………………………………………… 20
 Column ②納期や予算は図面だけではわからないよ！ …………………… 20
 1-10　設計を知っているだけでは検図はできない ……………………… 21
 1-11　検図マイスターを育てよう ………………………………………… 23
 1-12　設計プロセスの各段階で必要な検図 ……………………………… 25
 1-13　リンク機構の検図例 ………………………………………………… 28

第2章　検図の対象と目的を確認しよう ………………………… 35

 2-1　漏れのない検図をするにはどうするか …………………………… 36

iii

2-2	組立図と部品図を行きつつ戻りつつ検図する	37
2-3	組立図の検図チェック項目をリストアップしよう	38
	(1) 概念設計の組立図	38
	(2) 構想設計の組立図	39
	(3) 計画詳細設計の組立図	39
	(4) 生産図面の組立図	40
2-4	部品図の検図チェック項目をリストアップしよう	42
	(1) 部品図全般に関するチェック	42
	(2) 加工と表面処理に関するチェック	43
	(3) 寸法記入漏れや図形不足への部品図チェック	44
2-5	コストダウンの検図チェック項目を確認する	45
2-6	グローバル図面の検図チェック項目を確認する	46
	(1) 技術的確度を上げるための「技術情報＋図面」のチェック	46
	(2) 組立図のチェック	47
	(3) 部品図のチェック	48
2-7	目的ごとの検図チェック項目をリストアップしよう	50
	(1) ノウハウ技術に関する検図ポイント	50
	(2) 強度・性能計算に関する検図ポイント	51
	(3) 一般機械検図の例	52
	(4) 加工検図	53
	(5) 組合せ寸法検図	56
	(6) 規格検図	56
	(7) 干渉検図	57
2-8	仕様技術表で検図精度を高める	58
	(1) 設計基本思想を確立しているか ――高温対応ロータリーバルブの開発	58

第3章　ケーススタディで学ぶ検図の着眼ポイントと設計の改善策 ……… 65

- 3-1 粉砕機の検図ポイントと改善策 ……………………………… 66
  - （1）粉砕機計画図の説明 …………………………………… 66
  - （2）粉砕機断面図の軸回りの検図説明 …………………… 66
- 3-2 小型加振機の設計・検図ポイント ………………………… 81
  - （1）企画概念図の設計・検図ポイント …………………… 82
  - （2）ベース、支柱まわりの設計・検図ポイント ………… 84
  - （3）回転円盤〜電動機まわりの設計・検図ポイント …… 86

第4章　事例で学ぶ検図の勘どころと改善案の創出 ……… 95

- 4-1 剛性・強度の視点からの検図例—垂直搬送装置の検図 …… 96
  - （1）検図対象 ………………………………………………… 96
  - （2）設計の読み解きと検図ポイント ……………………… 96
  - （3）類似の検図例 …………………………………………… 97
- 4-2 機能・性能・安全・寿命の視点からの検図
  —ロータリバルブの検図 …………………………………… 99
  - （1）検図対象 ………………………………………………… 99
  - （2）設計の読み解きと検図ポイント ……………………… 99
- 4-3 コストと小型化の視点からの検図例—反応釜の検図 …… 107
  - （1）検図対象 ………………………………………………… 107
  - （2）設計の読み解きと検図ポイント ……………………… 108
- **Column ③検図力にコスト低減力のアイテムを持とう！** …………… 114
- 4-4 コンベヤ駆動機構の検図 …………………………………… 115
  - （1）検図対象 ………………………………………………… 115

    （2）　設計の読み解きと検図ポイント ……………………………… 116
  4-5　装置の重心バランスの視点からの検図
    ―コンベヤ装置の検図 ……………………………………………… 117
    （1）　検図の対象とポイント ………………………………………… 117
  4-6　装置の全体バランスの視点からの検図
    ―バケットリフター反転装置の検図 ……………………………… 118
    （1）　検図対象 ………………………………………………………… 118
    （2）　設計の読み解きと検図ポイント ……………………………… 118
Column ④ベテラン検図者の設計技術を盗もう！ ……………………………… 120
  4-7　3DCAE を使った検図例―構造梁りのたわみ解析検図 ……… 121
  4-8　寸法記入方法の良否の検図 ………………………………………… 122
    （1）　検図対象 ………………………………………………………… 122

第5章　検図結果を反映した再設計例 ……………………… 129

  5-1　圧縮機のクランクシャフトの再設計 ……………………………… 130
    （1）　検図の指摘内容と再設計の概要 ……………………………… 130
  5-2　粉体搬送用コンベヤの再設計 ……………………………………… 133
    （1）　検図の指摘内容と再設計の概要 ……………………………… 133
Column ⑤開発した機械ユニットは自分で仮組立しよう！ ………………… 135
  5-3　生ゴミ攪拌機の再設計 ……………………………………………… 136
    （1）　検図の指摘内容と再設計の概要 ……………………………… 136
  5-4　ボールネジによる位置決め装置の再設計 ………………………… 140
    （1）　検図の指摘内容と再設計の概要 ……………………………… 140
    （2）　よくある類似の設計 …………………………………………… 141
Column ⑥各種ピンとその性質 ………………………………………………… 143

第 6 章　検図を効果的・効率的に進めるためのポイント ····· 145

　　6-1　他人の図面は読み解くのがたいへんだ ······························ 146
　　6-2　検図にはどのくらいの時間が必要か ································ 147
　　6-3　チェックリストを用いて効果的な検図をしよう ················ 148
　　6-4　リストを取り交し、発注者設計仕様と納入会社との確認を行う
　　　　 ·· 150
　　6-5　最良な検図解を得るための鉄則 ·· 152

おわりに ·· 154
索引 ·· 155

第1章
検図力とは、すなわち設計力である

　検図は、設計製図の終了を意味するサインであると同時に、ものづくりに係る多くのメンバーにとっては、スタートとなる重要な役割を担っています。

　図面は、最大の生産情報を次々と各セクションへ移植する媒体なので、ミスがあっては生産の意味がありませんし、実体を壊すことになります。検図には、総合的な設計力が要求されると同時に、その内容に関する専門的知識と経験から出る素早い目利きが必要になります。逆に言えば、検図力を養い向上させることで、設計力も身に付いてきます。

1-1 なぜ今、検図力強化が必要なのか

　設計者は、開発対象の製造に関わるすべての関係者と打合せ、さまざまなコストダウン調整や、技術的アイデアによる問題解決をしながら業務を進めています。設計プロセスの全工程にわたってトライアルな設計決断が必要とされる場面もあります。しかし、そうした設計は失敗のリスクがつきまとうため、多少ではあってもこのリスクを取り払う配慮が必要になります。それが検図です。

　では、具体的にリスクとはどんなものでしょうか。どんな小さなパーツでも、たとえビス1個の備品記入漏れがあっても設計ミスとなります。それによる損失は重大であり、現状復帰不可能な取り返しのできない事態になることも少なくありません。どのような損失が考えられるか以下にみてみましょう。

(1)　設計ミスの瞬間から生産タイムスケジュール上の時間を失います。失われた時間は、残業しても休日出勤しても取り返せませんし、場合により予定納期内の完成ができなくなり、精神的にも経済的にも重大な負担が生じます。

(2)　生産活動が一時ストップし、その時点で作業変更を余儀なくされますから作業者は突然やることがなくなり遊んでいる状態になります。

(3)　最終組立作業の工程では、干渉や部品不足や穴位置などが間違っていると組立ができなくなります。そうなると、図面修正と部品の再手配や、予定が遅れて納期に影響する大問題に発展して設計だけの問題にとどまらなくなります。

　このような事態に陥らぬよう未然に防ぐのが、検図というプロセスです。設計ミスを防ぐには、日々の目には見えない**自己検図**はもちろんですが、**検図力**のある**検図者**による**検図**が必要になります。検図の正しいやり方を理解し、一人ひとりが準備を怠らないことがミスの防止に必要不可欠な要素です。

1-2 検図作業のポイントとは何か

ここではもう少し詳細に検図の効能や特徴を確認しておきましょう。

(1) 検図では、生産現場にある「ものづくり技術」を活かすことがたいへん重要となります。具体的には、諸条件に照らして、生産現場の工作方法として、機械加工なのか、板金加工なのか、あるいはまた別の方法を採用するのかを正しく検討します。これだけでコストも加工時間も精度も性能も大きく変わります。つまり、本当にその加工を採用してよいのかをチェックします。

(2) 設計では、対象製品の用途や規模、また部材の物理的性質と自社の加工能力などを加味して、完成までの一連の流れを合理的な**設計思想として構築**します。検図では、これらが最終目標である顧客・使用者の要求を満たすものづくりの方向へと向かっているのかをチェックします。

(3) ある製品の1つの機種を構成する機能とメンバー（部材・材料）が全体を通してバランスの良い設計になっているか、良好なものづくりへと繋がっていくかを評価します。

(4) 設計ミスを残したまま次工程に進ませないように防ぎます。ミスによる損失は、本来、保険で取り返せるような性質ではありません。真剣かつ前向きに取り組み、省略したり片手間で行うなどといったことがあってはいけません。検図精度を高めるためには頭がすっきりしている時間帯に実施するのも手です。

(5) 革新的な設計個所と、既存のそれとを見分け、顧客から改善が要求されている点もふまえて、良い技術として引き継がれる形にします。

以上が検図作業のポイントですが、ひと口に言えば、**上手くやればやるほど、ものづくりがシンプルになりコストが下がる**というのが検図なのです。

1-3
社員全員が設計者になれ

　開発プロセス上、設計で図面の作成が完了すれば、次に出図し配布することになります。出図先は図面からものづくりに関係する、加工・組立、調達、技術管理、試験、品質検査の各部署およびサプライヤー等、多くの関係者に配布されます。当然、こうした下流工程の作業者が理解できる図面となっていて、はじめてその図面が役割を果たせていると言えます。配布された図面を元に作業する作業者は、設計経験の有無にかかわらず設計に対して"こうしてほしい"という要望を持っているはずです。このことは図面の配布先の関係者全員に当てはまるわけですから、**ほぼ全員が設計者となるのが理想的な姿です。**

　ものづくりは、工学的な知識を持つ人、有用なアイデアを発想できる人、パーツ加工や組み立て、また仕上げ・調整ができるベテラン技能・技術者などの知恵の結晶があってはじめて成り立っています。図面には、これらさまざまな分野の人が努力してきた積み重ねの結果が反映されていなければなりません。関連する各部署には、図面を評価できる人がいますので、良いものづくりをするためには彼らの力を借りることも必要です。

　以前、あるメーカーの国内工場を見学させてもらったときのことです。現場の製作担当者の話によると、その工場の製造現場では、配布された図面を見て気が付いたことがあった場合には、設計と製造が直接スマホでやりとりをして問題を解決しているとのことでした。両者が、常にものづくりに関する技術を共有して、同じ目線で作業をしているのです。

　しかし、こうしたやり方ができるのは、国内工場で製造されている場合のみとなります。海外工場で製造する場合は、こうした綿密なコミュニケーションは望めませんので、設計者にはいっそうの注意が必要となります。

1-4 設計では、失敗を折り込むことが重要

　実際の設計では、初期段階では対象の概要が十分決まっていないケースもあります。設計を行いながら、さらに改良を施していくので、最終的にはできあがってみなければ本当のところがわからないという悩ましい状態で設計を完結します。こうした場合でも万が一、問題が発生したとき、機構の作り直しを前提とするのではなく、「多少の調整や修正を加えれば良好な製品になるな」という見通しがついた設計になっていることが大切です。そうすることで、その製品・機構部の試作での作り込みはいらないし、失敗のリスクはないと判断できます。ここで言うリスクとは、性能・機能・達成時間・コストが想定内で済むということです。

　「そんな無理をしなくても、十分な試作してから設計にかかれば良いのではないか」という意見もあるかも知れません。しかし、ここに設計の難しさがあります。試作では十分な時間と費用を与えられないことが多々あるからです。

　では、以下に紹介するケースの検図作業は、妥当なのでしょうか、それとも失敗なのでしょうか。筆者は、ある組立部品の図面の検図をA社（精密機械製造）とB社（板金製作）の2社の設計者とそれぞれ一緒に実施しました。

　その成り行きを説明する前に図1.1に当該パーツの3D図面を示します。配布図の設計名称は、「コモンベース」で、これは下記のさまざまな機能ユニットや駆動モータを一つの共通ベース上に設置するための取付け座板となる共通ベースです。その特徴を示すと以下となります。

① 羽根付回転式のボールフィーダユニットを設置するための板、2個所。
② 同、フィーダーを直結駆動するモータの座。
③ 垂直に配置したラック歯車をピニオンで上下駆動するモータの座
④ 平面板を水平から上に角度20°位まで軸を回転スイングさせる時に支え

第1章　検図力とは、すなわち設計力である

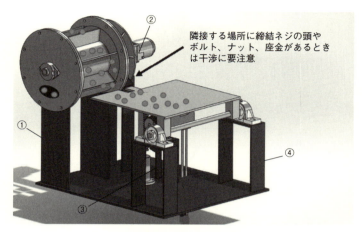

図 1.1　検図対象装置の組立図（3D）

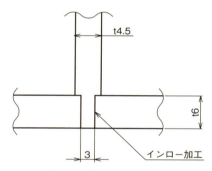

t6の板にt4.5の板をインロー加工して
安定した姿勢になるようにした

図 1.2　コモンベースのインロー加工

　る二カ所の軸受ユニットの座。

　次に組立図とコモンベース部品図を添えて、A社とB社のコモンベースのものづくりに対する検図を紹介します。A社の場合は機械加工からの製作という特徴から、部品図を機械加工用に再設計するということです。機械加工精度が出せる板厚に厚くすることや、構造的強度を高めるということです。価格も10万円程度になります。一方B社の場合は、特徴とする①〜④の設計要求

には対応できるが、1つ大きな問題を含んでいる設計であるというのです。下面の厚さ6mmの板に垂直に厚さ4.5mmの板を溶接すると垂直の安定した幾何姿勢が成立しないというものです。しかし、ここでノウハウ技術があるというのです。その検図力を表わしたものが**図1.2**です。結論は再設計せずに、価格も7万円ですみました。

> **Column①　3次元CAD設計では、計画図と組立図は一体である!**
>
> 　3次元CAD設計では、計画図からパーツを一つひとつ部品図シートに読み込んでくることで、三面図投影をはじめ、さまざまな投影図や断面が自動的に現れてきます。これらから必要な投影図だけを図中に写し込み図面に仕上げます。このとき、投影図の寸法や形状を変更した場合は自動的に呼び込んできた元の計画図（組立図）が自動的に修正されます。これは、データが連動リンクされているからです。さらに、このデータはDXFに変換も可能にすることもできます。

第1章 検図力とは、すなわち設計力である

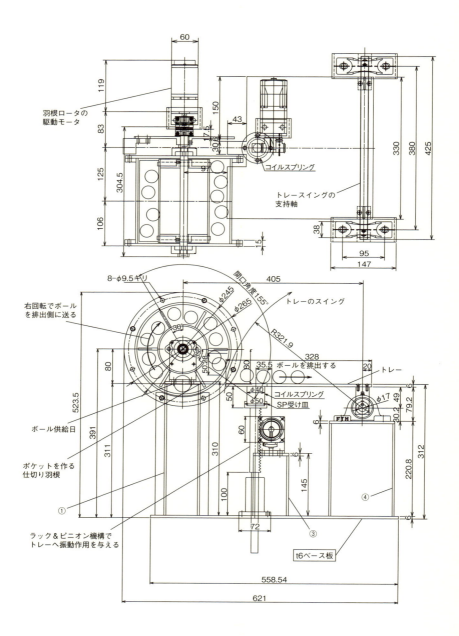

1-4 設計では、失敗を折り込むことが重要

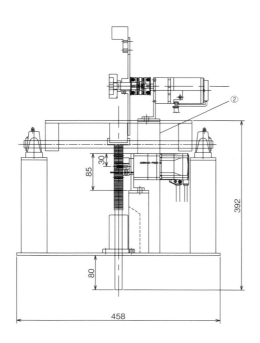

図 1.3　検図対象装置の組立図（2D）

第1章 検図力とは、すなわち設計力である

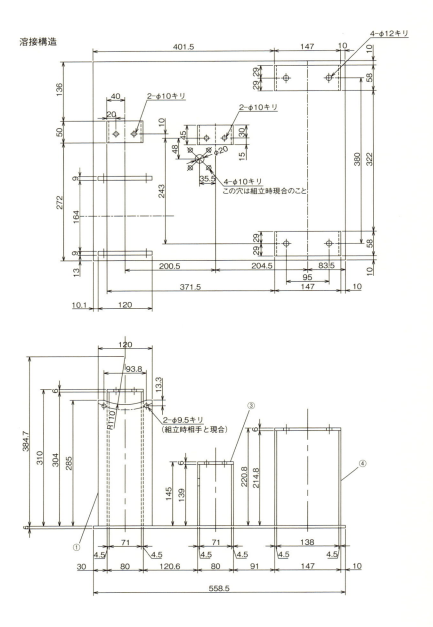

1-4 設計では、失敗を折り込むことが重要

※最軽量を目的として設計し、同時に最コスト安とする単純な構造にしたものです。
だから、作り方をどうするかが最大の着目点となる検図が必要です。

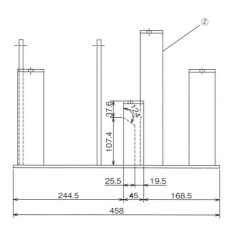

図1.4 コモンベース（部品図）

1–5 まずは、設計の方向性を検討する

　製造業では、自社が保有しているさまざまな技術を形にしてユーザーに提供していきます。技術は、ユーザーが求める機能を実現すべく、日々アップデートされていきます。そのため担当の設計者は、昼夜、週末も関係なく、起きている間中、場合によっては睡眠中に夢に出てくるほど、頭を使い、図を描き、多大なエネルギーを費やして考えをまとめ上げます。実は、検図力とは、こうした設計の試行錯誤の中で行われる"**自己検図**"を繰り返しながら培われていきます。つまり、検図力とは設計力そのものなのです。

　企画仕様に近づけるべく、繰り返されるこうした検討の中で、さまざまな**設計思想**が生み出されてきます。そして設計の方向性がまとまれば、その機械の特徴が固まります。必要とされる機械の特徴を考え抜いていくと、おのずと、その機械が具備すべき機能や性能が決まってきます。このように必要とされる機能・性能に遡って考えていくのが、本来あるべき設計ですし、設計者は、技術を駆使してこれを実現していきます。つまり、具体的に

1. 機械特有の機能と性能を検討すると、
2. 駆動方式をどのようにするかが決まり、それによって天下り的にアクチュエータが決まり、
3. どのような精度と効率にするかで使用する機械要素を考えます。
4. さらにコストを意識した配慮を施し、優良な製品にする設計をすることになります。

　このように検図は一朝一夕にできる作業ではありません。デイリーの業務が迫っているなかで、なかなか気が乗らないというのも本音ではないでしょうか。とはいえ、これを省略したり、いい加減に実施すれば恐ろしい結果を生み出すことになりかねません。

1-5 まずは、設計の方向性を検討する

　検図は、設計業務の完結にあたる工程です。当然、「設計のミス防止」「図面の記述ミス防止」「曖昧さの是正」が、第一の目的になります。検図者は、設計者と協議しながら修正・更新を促す必要があります。場合によっては、すでに設計が終了して製作に取り掛かっているものについても、差し戻してやり直しを示唆しなければなりません。実際に、やり直しになるか否かは、他部署からの意見を加味して、経営判断がなされることになります。

A先輩とB後輩

A「設計の方向性ってわかるかね！」
B「何のことですか？　方向性というと……風水ですか？」
A「そうではない、設計仕様をお客様が求めている考えに沿って、製品やものづくりの方向出しをする最も大事な一歩なんだ、その方向性が合っていないと、受け入れてもらえないんだよ！　設計をやり直すことになるから早めに上司に相談して、検図してもらうんだぞ！！」
B「はい、わかりました」

1-6 設計のどんな場面で検図が必要になるか

　ひと口に設計や図面といっても、複数のプロセスがあり、それぞれの成果物である図面も多岐にわたります。したがって、これらに対する検図もその目的や見るべき視点がそれぞれ異なってきます。ここで設計プロセスについて確認しておきましょう。

　企画仕様は設計の源です。VOC（Voice of customer）などをもとに、顧客の要望を具体的な仕様に落とし込みます。こうしてできた企画の意図と物理的制約を技術的・概念的に満足させるために行われるのが**概念設計**で、設計の仕様からコンセプトを創造してポンチ絵などの手法で仕様に見合う原理を図に示すものです。その概念にもとづいて設計者は過去の経験からさまざまなイメージを頭の中に描いて、仮図面作成していきます。この仮図面を元に、関係者の同意・承認が繰り返され、設計の意図が固まってきます。その過程では、複数回にわたり検討と調整の会議が開催されます。これらの検討では、未知なる設計物の在り様に対して、アイデアを出し合い、その結果として設計の方向性が**構想設計**による図面としてアウトプットされます。この方向性を元にして、製造上のさまざまな要請が成り立つように詳細な検討が加味されたものが**計画詳細設計**です。この設計は、最終仕上げの組立図と同一内容ですが、この後の工程となる部品図作成の中で寸法修正などがあった場合にはこれを反映しなければなりませんので最終設計図とは言えません。

　一方、**生産図面**は、基本的には詳細設計をバラした部品図ですが、部品製作のために投影図や断面図を配置して一点一点の形状と寸法記入と各種公差や製作加工のプロセスのすべての用法を明示して、製図法・社内ルールや規格に沿って作成した部品図と最終**組立図**です。部品ができあがるまでのすべての作業工程を検図するもので最も重要な検図テーマになります。ものづくりの形式

や方法ややノウハウなど、設計力のすべてを示す図面が**組立図**です。組立図には部品図面の一つひとつに風船番号上げて明示したものを部品リストにまとめています。

　これらの設計プロセスごとに、どのような検図が必要となるかを大まかに以下に示します。

　(1)　企画仕様：要求ニーズを審査して実現可能かを検図（例えば特許図面）
　(2)　概念設計：コンセプトが企画に沿っているかを検図
　(3)　構想設計：開発設計の方向性と構成アイデアを検図
　(4)　計画設計：この設計図の中で設計技術開発の特徴について詳細に検図
　(5)　詳細設計：組立図と部品図を行きつ戻りつして、最適設計かをみて確認する検図
　(6)　生産図面：さらに組立図・部品図・調達部品リスト等配布物全般を検図

このように検図は、設計の段階ごとにそれぞれ異なる視点で何回にもわたって実施されます。このようなフィルターを通過することで、製品のあらゆる品質が確保されていきます。また、プロセスごとに以下のような目的別の検図を受けて、より実践的なカスタマイズが施されて完成度を高めていきます。

　創造的に機能の合理性の追求するための検図………概念設計の検図
　新技術開発の試作検図……………………………………試作図面の検図
　過去の不良対策情報からの検図…………………………全図面の検図
　材料と加工の検図…………………………………………計画設計の検図
　コストダウンの検図………………………………………全図面の検図
　基礎的機構・構造の検図…………………………………計画図の検図
　構造適正見直しの検図……………………………………計画図の検図
　重量低減・目的検図………………………………………全図面の検図
　安全対策対応設計検図……………………………………全図面の検図

　設計の成果たる図面は、これらの関門を通じて徐々にブラッシュアップされ、強化されていきます。

第1章　検図力とは、すなわち設計力である

1-7
検図には、補助ツールを上手に使おう

　3次元CADで作成した図面データからすばやく実体を作る技術として3Dプリンターが普及しつつあります。**3Dプリンター**によりパーツを試作すれば、概念設計で考えていたことが正しく機能するのか、狙った性能が発揮されうるのかが、ある程度は判断できるようになります。つまり3Dプリンターは、設計の良否確認ためのツールとして使えます。

　例えば、「ロータリー式播種機」の概念設計の例でみてみましょう。概念設計で思考したことが、確かに実現できるのかを実験で確認します。ロータに設けられた窪みポケットに小さな菜の種が5個入るようになっており、ロータの回転にしたがって、上方の種だまりからポケットに入ってきた種がポケットが下側になった時に落下するという仕組みです。ロータ部分は、その外周上に一定のピッチで数か所のポケットが設けられています。この機構の機能アイデアのテストを行うために、ロータ部分を3Dプリンターによって試作しました（**図1.5**）。テストは、機能上の肝の部分となる2品を作ってロータをケーシングに挿入して種の回転排出状況を確認するものです。

　新規機種に新しい機能やアイデアを採用する場合には、概念設計でさまざまなトライアル作業を加えながら設計することになります。**図1.6**は、最大の難関急所に当たる部分を加工して組み合せたものです。ねらいは次の3つです。

① 　ポケットのくぼみサイズに何個の種が入るか？
② 　ロータを回したときに種は割れないか？
③ 　ロータを回したときケーシングに種がはさまり合って回転がストップしないか？

　このような心配があり、試作をしたところ、心配の通りの結果となり第1回目の試作を終了しました。

1-7 検図には、補助ツールを上手に使おう

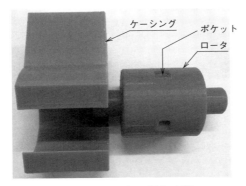

図1.5　ロータの組合せ部

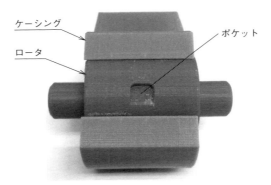

図1.6　3Dプリンターによって作成したロータ部

A先輩とB後輩
A「3Dプリンターの試作をやったようだけど、俺に試作図を見せないで勝手に作ったのだな！」
B「はい」
A「次からは3Dプリンターにデータを送る前に俺に見せなさい！」
B「すみませんでした」

1-8 検図には、どれだけの人数と時間が必要なのか

まずは、図 1.7 に示す検図の形態図を見てください。

左側の縦軸には、主な検図対象項目を段階的に示しています。下部の横軸には、左から順に検図担当者の氏名が記入され、それぞれが何項目の検図を担当しているかがわかります。例えば、検図者 A さんがすべてを 1 人で検図すればグラフは垂直になり時間は早まります。2 人で担当すれば時間は少し多く費やしますが検図ミス防止に対しては確実性が高まります。

さらに 3 人で対応すれば時間的にもミス防止的からも十分な検図ができるでしょう。検図の図面枚数は、数十枚から 300 枚や 500 枚、さらに場合によっては 1000 枚を一式の図面として検図します。

一般に人数は、1 人～2 人、2 人～3 人ぐらいまでの人数をかけて行われているようです。もちろん新規性の有る無しや、複雑で込み入っているとか、精度

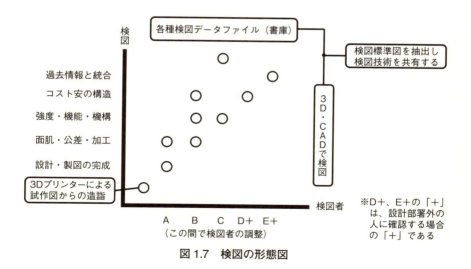

図 1.7　検図の形態図

要素の多さや、ヒューチャー（加工組立工程）の多さ、取り合い個所の多さなどケースバイケースですので、1枚当たりの検図時間を一定にすることはできませんが、例えば、検図者3人で1図面当たり2～3回の検図を行った場合、その時間が1回当たり30分～60分くらい時間をあてると十分な検図ができるようです。これ以下の時間だと、ややもしくは明らかに不十分であるということになりはしないでしょうか。しかし、一方では、瞬時に理論的に説明を言葉で述べるという方法で、本来あるべき設計の体を出しての検図を行う設計現場のすごい方もおられます。

　もちろん、検図作業の精度や能率には、個人差や、環境の違いも影響があります。例えば、モチベーションが上がる朝の時間帯や、作業をしやすいオフィス環境の整備などによる違いです。

　対象となる図面にもともとミスが少なければ、検図作業はたいへんスムーズになり、結果としてかかる時間は短縮されます。したがって、いかに設計者が各自の能力を高めて、検図者に負荷のかからない製図ができるかがキーになります。つまり、**図面品質**が問題になるわけです。

　図1.7に示した形態図は、あくまでも一例です。実際には各自で適用性を確認して有効なものになるようにプランニングしていくべきです。1人で縦5段項目をすべて検図しなければならない方もいますし、複数で担当分けされる組織検図もあるかと思います。いずれにせよ、ミス防止で最大効果が出るような計画を立てていきます。

1-9 図面に表現されていることだけではわからないことがある

　図面のユーザーすなわち現場の加工者たちがどのような図面を必要としているかを考えてみましょう。どんなに優秀な現場技術者をもってしても、図面だけではわからないことがあります。例えば、図面には、回転力がもたらす回転摩擦抵抗や、摺動による摩擦の程度、スピードの変化から生ずる振動、動作の初速～最高速への切り替えられるときの機構への影響、強度と精度がもたらす動きへの影響、部品間の締結力が動作に与える影響など、図面だけでは伝わらない部分がたくさんあります。結果から言えば、最初の設計（新規の設計）では、これらすべてに十分配慮した設計をすることは不可能でしょう。"最初の設計では"と、言いましたが、多くの場合、実は2回目の設計というのはありません。設計者が何時になっても苦悩するところはこのことです。それでも設計した図面を検図して生産現場に渡し、加工者に作ってもらうしかないのです。

　したがって、設計の正しさは、製品ができあがり完全に動くまでわかりません。それまで、設計者は、この製品のすべての図面が何も問題はありませんと図面を前にして断言することはできません。多くの場合、できあがると必ず何かしらの問題が発生し、それが設計者を悩ませます。検図者は、それをサポートし、リスクを少しでも軽減する役割も担っています。

Column ② 納期や予算は図面だけではわからないよ！

　設計経験のない方々のなかには、開発では"実験"や"試作"が大事なのだと言う人がいます。しかし、現場の設計者に言わせれば、それが常にできたら苦労はないというのが本音ではないでしょうか。実験や試作にはお金と時間がかかりますが、それらが与えられるということが少ないのが現実です。そのうえ、スケジュール上では試作を作る予定であっても、時間切れで納期が迫り、試作も本チャンも同時進行ということが多々あります。

1-10 設計を知っているだけでは検図はできない

　ものづくりのノウハウは、設計図面に明示できないものも多々あります。したがって、検図は、設計を知らないとできませんが、実は設計を知っているだけでもできないというのが本当です。

　加工を知るということ、これが設計者の泣き所です。加工のノウハウは、机上でいくら考えてもわかりません。いわば究極の技術ともいえます。加工の順番、加工の組み合わせ、加工精度などさまざまなノウハウがあります。加工者は、これらを経験からくる感覚的な技術で再現していきます。加工者が身体で覚えた技術ですので、設計（言葉）や図面では現すことができません。だから検図ができないのです。検図承認ができないと出図ができませんが、そこのところは現場の加工者に直接可能な加工精度を聞き、類似の機械の設計力の範囲で検証と確認をして承認するのが設計システムです。

　当然、加工・製作の現場技術者の協力が欠かせませんので、現場の意見を聞き入れて、設計ではわからないところを図面を見ながら、出図前のタイミングで現場技術者との摺り合せの検図を行います。摺合せがなされないと図面がただの紙だと現場から言われることがありますので、工場の製作・工務技術者に一緒になって逆検図をしてもらうことはたいへん重要です。

　何らかの理由で加工技術者との摺合せができない場合、検図をしてはみたものの、最終的には製作してみないとわからないという状態で設計を完結せざるを得ないことになります。そのようなケースに陥った場合でも、万が一うまくいかなかったときに、機構の作り直しに及ばないように、修正を加えればリカバリーできるよう、見通しを付けて設計を完結させておくことが重要です。

　そうすることで、すでに工程が進んだ試作段階で機構部を作り直すことで生ずるコストや時間のロス、また変更に伴うリスクを減らすことができます。こ

のことは顧客から大幅な、あるいは急な納期の短縮を迫られたときには特に有効です。

A先輩とB後輩
A「今設計している機械の現場設置担当は俺だけど、納期がないようだな？」
B「そうなんです、実を言うと試作と実作を同時に進行して納期を短縮するしかないと設計会議で決まりました」
A「そうすると俺の方は完全な物にする現場調整の仕上作業期間がほとんどなくなるな……」
B「はい、そこでご相談なのですが、現場調整内容のノウハウを教えていただきたいのです」
A「どうしてだ！」
B「現場で調整する技術を知らないまま設計をして、今までは検図をしてませんでした。今回は、試作の時間がなくなり、設計リスクが高くなっています。試作・実作の設計段階からAさんの協力をお願いできませんかね？」
A「そういうことなら協力するよ4月20日のオープンに間に合わせるようにしような」

1-11 検図マイスターを育てよう

　マイスターとは、ドイツ発祥の職能制度で工業の諸技術分野のトップの実力に相応しい熟練技術者に贈られる称号です。筆者は、このマイスター制度に倣って**検図マイスター**の育成を提唱しています。検図マイスターを育てることは、戦略的にたいへん大きな意義があります。その理由を以下に紹介しましょう。

　検図マイスターに求められるのは、現場にしか存在しない高度な加工技能と、設計力を併せ持った能力です。設計プロセスにおけるさまざまな問題に対して、いろいろな角度から解決できる実力を持ちます。検図者として設計者に対してさまざまな助言をし、設計者育成の要となることや、当該設計物と似たような過去事例の知識を持つことで、二度手間による時間の無駄を防ぎ、結果として設計不良を起こさない設計へと導いていくことができます。社内にマイスターがいることにより、設計の効率が大幅に高まり、ひいては設計者のストレス軽減が図れることが期待されます。

　近年、設計図面のグローバル化に注目が集まっています。海外サプライヤーに発注する国内メーカーにとって図面能力を高め、正しく発注することは業務を遂行するうえで必須の能力となってきます。図1.7で紹介した検図力の形態図の中に、この検図マイスターが加わることで、検図力がさらに充実して効果的な検図が可能になります。検図マイスターが、若い設計者を育てることにより、製造現場にはミスのない設計図面が配布されることになります。良い品質・性能の良いものづくり・優れた商品へと導く指導者としての存在になると思います。

　図面品質を確保するために行われる検図は、その良否が最終製品の品質問題に直結する重要な工程です。実質的には高品質を確保する最後の砦とも言えま

第1章　検図力とは、すなわち設計力である

す。しかし一方で、これまで解説したように検図には設計のみならず加工や調達まで含めた幅広い知識と経験が必要となり、人材育成は一朝一夕には進みません。検図マイスターは、指導者として後継者も育てる存在でなくてはなりませんし、図面では表現できない部分をもフォローできる高度な能力を持っていなくてはならないのです。

A先輩とB後輩
B「設計技術者が60歳で定年とはもったいないですね……」
A「そう言ってくれると嬉しいね、実は他の会社から週2日くらいで働いてくれと頼まれているんだよ、俺もまだまだ社会貢献したいしね」
B「そうですか、私が思うには、定年まで設計し検図をされた方がいなくなると、設計の品質管理上に大きな穴があきます」
A「定年までドラフターを使い何十年もいろいろな図面を描いて来て、もちろん楽しいときもあったけど、現場からのクレームに苦労もしてきたな。若い人の描いた図面の検図が毎日続いたときもあったし、あるときは、製図で腕が腱鞘炎になったときもあったよ」
B「それは勲章の一つですね、そんなAさんには検図マイスターになっていただきたいと思ってます。このところ、設計力を持つ人が激減していまして、良い設計プロセスの結果を出すのに大変苦慮しています。そこで長年の経験を持っているAさんに検図で若い設計者を育ててほしいのです。そして、グローバルなものづくり時代を確固たる物にすべく設計の品質を上げる力になってほしいのです」

1–12 設計プロセスの各段階で必要な検図

図 1.8 にしたがって、設計技術の**チェックリスト**を作成してみましょう。チェックリストは、基本的な検図力（設計力も）の構築を養うための指標として役立ちます。

いうまでもなく、設計物は対象と目的によって、その特徴をしっかり掴むことが最重要なポイントとなります。そのときの部分的な詳細については、本章以降で図例を示して解説していきます。本節では、設計の方向性がはっきりしているかを検討するために、構想設計までの検図を紹介していきます。

（1） 設計企画に対する検図

設計しようとしている対象物について、どのような目的で、どのような技術を使って、物理的にどういう成果を得るための企画であるかをチェックします。

設計企画には、多少大雑把であっても打合せのための資料図面が必要となりますので、これを読み解きながらチェックをします。以下では着目すべき項目

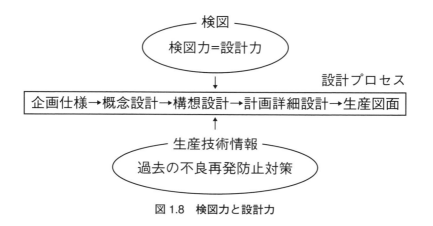

図 1.8　検図力と設計力

についてリストを示します（順不同）。
① どのような負荷がどのような方向からどんな形状を伝わってどんな姿勢動作で入って来るのかをチェックする。
② 負荷の元になる物体の性質や特性やサイズや形はどんなものかを見い出し、力のイメージができるかをチェックする。
③ 負荷を受け取る場所について、どのような3次元空間で、そこから原動アクチュエータまでの経路に考えが考慮されているかチェックする。
④ 企画に示した機械を実際に作り上げるための経験（研究や試作など）が自社にあるか否かをチェックする。
⑤ 外観の基本デザインのイメージを持つことができて据え付ける場所もイメージできるかチェックする。

(2) 概念設計に対する検図

概念設計は、目的とする機械の要素部分を基準にして、参考的に描かれた図面からコンセプトを感じ取れるかをチェックするものです。
① もともとの企画仕様の作成者から概念設計図を審査チェックされる検図です。設計者が企画者の考えをきちんと確認するためのもので、仕様との食い違いがないように何度もさまざまなことを質問して引き出し、打合せ内容を資料に記録しておき、新しい考えの発見がどこまでなされているかをチェックをします。
② 企画者からの要求である機能的や精度的などの要求がきちんと読み取れて、工学的な構想が示されているかを検図します。

(3) 構想設計に対する検図

構想設計は、設計の方向性を完成するプロセスなので、ここで試行錯誤を重ねながら設計としてまとまるようにします。その際、過去の設計事例なども参考にしながら検図します。設計の全体にとって、機械の使い手の利便性と、作り手側から見た製作合理性の摺合わせがたいへん重要になってきます。した

がって、相当程度、**知恵や経験のある技術者**が検図を行う必要があります。あらかじめ発注者側と受注側とで、具体的に使用する技術や設計内容などできるだけ多くの項目について、"**交換技術確認表**"にまとめて確認し合うことで、より確実なものづくりを行うことができます。新規開発機種と汎用機種では、事情が異なりますが、その機種の特性や予算を提示し合いながら、後で誤解や間違いが生じないようにしておくことが重要です。

　本節では、設計プロセスの中でも上流にあたる、構想設計までで必要となる検図を紹介した。これ以降については第2章でより詳しく解説していく。

1–13 リンク機構の検図例

検図のイメージを固めていただくため、ここで簡単な事例を紹介しましょう。**図**1.9は、リンク機構のアイソメ図です。この組立図から各部品図について検図に関する説明をしていきます。

なお、本事例の機構は、2台を同時に、同じワイヤ放電加工機、CAD・CAMデータからのマシニングセンタによる切削加工によって加工してもらったものです。加工の依頼をするに当たっては、3D図面やデータ画面そのもので、必要な情報を交換しながら綿密な打合せをし、見積から発注をして加工・納品されました。納品されたリンク機構の動作テストは、筆者らがレーザー測定器を用いて実施し、確認しました。そのテストの状況を図1.16に示しました。

検図の内容は、3Dアイソメ図で機構を理解しながら、2D組立図でリンクが

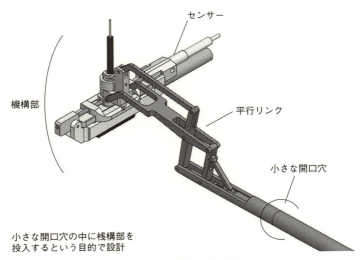

図 1.9　リンク機構の組立図（3D）

立ったときと、折りたたまれたときの、精密級の姿勢の変化を検討しその良し悪しを判断するというものです（図 1.10～図 1.15）。精密級は添付する各部品を見ると、加工公差やはめ合い記号と幾何公差の数値から明らかであると考えています。

　テストを通じて、実際に設計の意図通りリンク機構ができあがったことが確認されました。ここでもう一度図面を確認しておくことは、検図力を高めるうえで有益です。ポイントは、なめらかな動作をさせる条件を3つ上げると、**面肌の滑らか度、はめ合い公差、幾何公差**の記入です（図 1.12）。

　図 1.16 は、テストの様子を示しています。冒頭に説明した通り、同一図で同一プロセスで1人で最後まで製作したものですが、動かすと多少動作の性能、つまりスゥーっと動くものと、少しぎこちなく動作する違いがあったので、測定で確認したら、同じ力でも姿勢のタタミ角が異なっており、測定により、これを数値的に把握することに成功しました。

　両者の違いがなぜ起こるのか、加工・組立をした担当者に説明してもらった

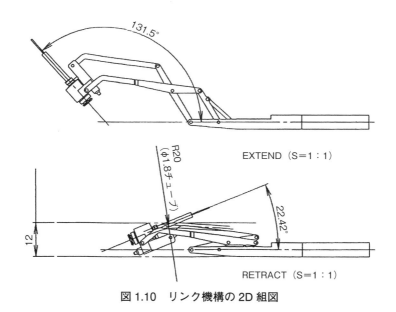

図 1.10　リンク機構の 2D 組図

第1章　検図力とは、すなわち設計力である

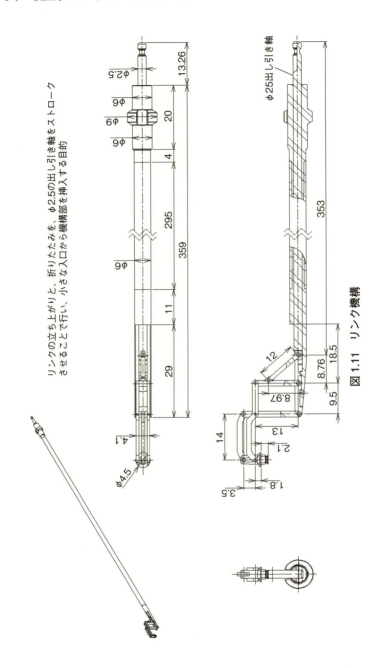

図1.11　リンク機構

1-13 リンク機構の検図例

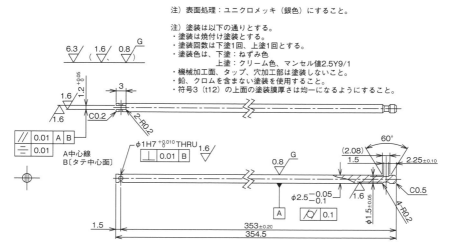

図 1.12　幾何公差によるリンク機構の出し引き軸の部品図

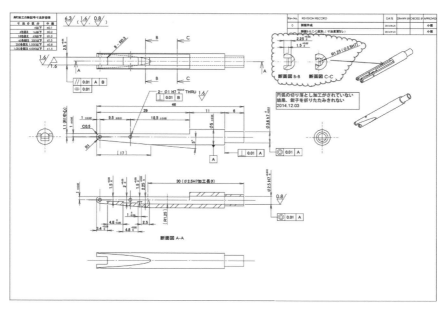

図 1.13　リンク機構を組立て機能させるホルダ

第 1 章　検図力とは、すなわち設計力である

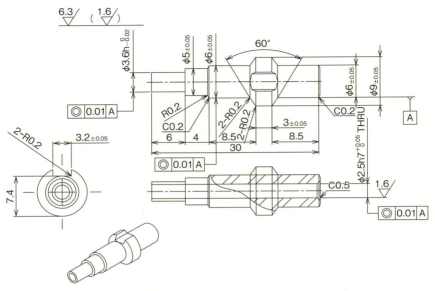

図 1.14　リンク機構ホルダーと組立てたものを保持する部品図

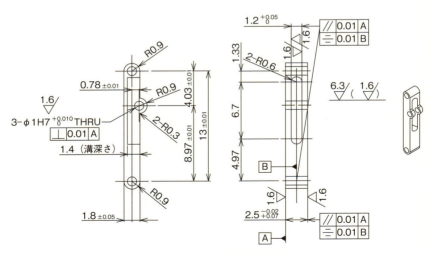

図 1.15　センサー側の部品図

1-13 リンク機構の検図例

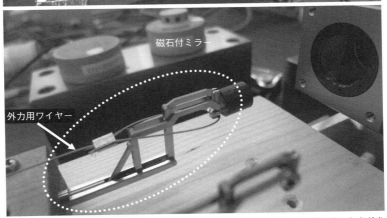

たたんだリンクを外力用ワイヤーに引張る力を加えて、立ち上がらせながらそのときどきの引張り長さと負荷をパソコンで光学的に測定して抵抗値を確認した。スムースな動作か、ぎこちない動作かが判明した。

図 1.16 テストの様子（全体、リンク機構拡大）

ところ、一方は、加工終了後に磨きをかけて、他方には、時間の都合で磨きをかけなかったからだと思うが、問題ないと判断して納品したということでした。加工・組立者との対話によって明らかになった教訓は、図面の中にきちんと情報を記入し、加工者に伝えておくべきことです。この場合は、「角部や稜線部やアール部のエッジは精密磨きをかけ、スムースな動作の確認を行うこと」と注記しておくことがそれにあたります。

第2章
検図の対象と目的を確認しよう

　図面は本来、いったん国内の自社工場に配布されると、そこから先は製造管理部署のもと、優秀な技術者たちの手によって不良のない、品質の高いパーツ・製品の製作へと利用されていきます。ところが国外で製造する場合、サプライヤーに製作が委託されるため、場合によっては、図面に曖昧さが残っていたことに起因する「不良」、もしくは不良までいかなくても、できあがり状態が今一つということになりがちです。どこで作っても設計者が意図する製品が手に入るようにするためにも、検図というプロセスの重要さが増しています。

2-1 漏れのない検図をするにはどうするか

　製品の企画仕様が異なれば、当然、検図の際に着目すべきポイントも異なってきます。したがって、具体的な仕様が決まっておらず、未知な部分が多く含まれている設計の場合、検図を漏れなく実施するのはたいへん困難な作業となってきます。

　こうした性質の設計では、設計の最終段階まで、この難しさが半ば未解決のまま続きますが、いちばん重要なことは、すでに決まっている対象装置の**企画仕様を読み解き**、**要求されている特徴に気付き**、その動作プロセスを最適なものへと作りあげて、そのうえでさまざまな未知なる要素も加味して行くことです。

　企画仕様については、設計グループメンバー同士で語り合い、対象装置が最適に機能するための条件をつまびらかにして、お互いの考えをまとめ上げることで理解を確かなものにしていきます。一般的に設計不良の最も大きな原因は、**企画仕様の特徴をきちんと理解していなかった**からとされています。あまりにも未知の度合いが高い場合には、特徴確認のために試作をして、対象物が目的を達成するときの、技術的条件を確認する必要があります。こうした分析や議論、実験を通じて、考慮した事柄が自己検図の際、大いに役立ちます。

　一方、設計にCADを利用する時代になり、検図のあり方も少しずつ変化しています。例えばチェックリストをCADの図枠シートに、はじめから配置しておき、自己チェックリストの項目ごとに、前回わかった重要ポイントを図枠外に上げておけば設計検図で漏れ防止に効果があるはずです。

　製造に配慮した図面になっているか、そもそも図面通りに作れるのかなど、その細目をチェックリストにまとめ、企画仕様から生産図面まで設計プロセスごとの技術的特徴を理解して、チェック項目を選別していきます。

2-2 組立図と部品図を行きつつ戻りつつ検図する

　設計のプロセスをおさらいすると、設計は、①**概念設計**、②**構想設計**、③**計画設計**（設計技術開発の更新設計）、④**詳細設計**（部品図⇔生産組立図）の4つのステージから図面が描かれ具体化されて完了します（ただし、3次元設計のトップダウン設計では組立図は1ステージになります。それは、すべてのステージが1つのデータにリンクされているからです）。

　組立図と部品図を行きつつ戻りつつしているときは、計画設計であって最終配布用組立図面にはなっていません。組立図が完成すれば部品図も完成しますが、トライアル計画設計では、部品図の段階に入っても検図での問題点の指摘や、新しく良案が出されて、設計が改変されることもあります。そうなれば、更新された新組立図になり、それに伴い部品図も修正や別物への描き直しを余儀なくされます。

　部品図の検図では、形状や加工方法や厚さが変更されると、部品図側の要因から組立図への変更が必要になり、組立部分を描き直します。こうした相関関係は、3次元CADであっても同じですがデータがリンクされていますので部品図の修正と行きつつ戻りつつが自動的に行われます。

　組立図は、詳細計画図としてユニット部分や機器構成が持つ技術的な特性に分割して描かれますから、数枚に渡るときもありますし、搬送ライン等であれば二桁の枚数に及ぶ場合もあります。

　検図の目的を考えたときに、最重要になるのはコストダウンですが、その前提には、各機能が合理的な仕組みや方法で設計されているか、安全を確保した設計であるか、つまり仕様・目的に対して適当・適切な設計技術となっているか否かを見極めて検図を終了させることです。

2-3 組立図の検図チェック項目をリストアップしよう

　設計で最も重要な役割を果たすのが組立図です。組立図の検図では、漏れや技術的判断ミスがあってはならないので、自己検図、検図者による検図、いずれの場合にも集中力を持って慎重にあたらなくてはなりません。

　対象となる装置・パーツが、過去に設計したものと同じ仕様・目的であれば、これまでと共通して用いることができるのも多くあるのは事実です。だからと言って、注意を怠ってはいけません。実際には、過去の設計を利用しつつ、進化されているところもあり、その変化については注意深く検図しなければなりません。以下、参考までに、設計プロセスのそれぞれの組立図について、代表的なチェックポイントを示します。

（1） 概念設計の組立図

① 仕様は契約である。仕様が記された書類とそれに付属した図面から構成されたもので、この両方で仕様書である。実際のところは、仕様書を作成した当事者もわかっていない個所が多々あり、設計が進むにつれて、仕様書が更新されていくことも頻繁にある。なぜなら、設計とは本来、（未知の）開発要素を多く含んでいるからだ。仕様については、顧客と十分に話し合い、検討した要件が組立図にすべて反映されているか否かをチェックしておく。

② 顧客の求めている能力を的確に盛り込んだ設計になっているか。常用値はもちろん、最大値や最小値もチェックし、その契約数値で運転が正常にできるか、そのための駆動・アクチュエータの定格パワーは適正数値をクリアできているかなどをチェックする。

③ ユーティリティーの選択は相手とよく打合せができているかをチェック

する。
④ 外観デザインや塗装色について合意ができているかチェック。

(2) 構想設計の組立図

① 基本構想が技術的に最適な方向性で示されているか、設計思想が無理のない正しいものになっているかを吟味して動作シーケンスのタイムチャートを確認しながら、全体にバランスのとれた設計かをチェックする。
② 装置の性能を実現する要因として、**外力**に対する強度や、動作の際の**運動速度**や**慣性力**に十分に対応しているかをチェック。互いに相反する性能を要求されることもあるので、いかに両立させていくかを見極める能力が求められる。
③ 既設計ユニットや組込み購入品の機械要素を用いる場合は、長所と短所を十分把握。さらに安定した使用実績があるのかをチェックする。
④ 新規の組込み購入品を採用する際は、購入品が提供する能力や仕様が、開発している装置の要求仕様や使用条件に達しているとしても、購入品の製造元が試験したときの条件・環境と、実際に自分たちが装置に組込む際のそれとには違いが出てくる。そのため**トライアル**が必要であることを念頭におき、その部分の作り込みの実施はされたかをチェックする。
⑤ 装置の運用費用を含めたトータルコストや、装置の設置場所の環境に配慮する。そのうえで、メカ系、エレキ系のどちらを主体とした制御にするのか、あるいは両者の統制がよく取れているかをチェックする。
⑥ 過去の設計を流用・応用する場合、変更部分について試作の必要があるか否かをチェック。

(3) 計画詳細設計の組立図

① 部品点数を極力減らし、必要以上に複雑な構造になっていないか、簡潔な設計になっているかをチェックする。

② 組立パーツのコスト的な優位性は保たれているか、安全上、重要な部分はしっかりと計算され確認されているか、さらにその部分が周辺と比べてサイズ的、配置的にバランスよくできているかをチェックする。
③ 当該装置の最重要部分は安全設計になっているか、高価で長納期の部品の扱いはどうなっているか、構造は不測の事故を想定して設計がなされているかチェックする。
④ ワークを取り扱う装置や治具では、ワークや工具の運動の軌跡をわかるようにして、装置に与える影響を想定して設計されているかチェックする。
⑤ メンテナンスに用いる機器が、空間的に正常に作業できる設計になっているかをチェックする。
⑥ 組立しやすい構造になっているかをチェックする。
⑦ 加工をよく理解し、構造と加工方法から機能が読み取れるかをチェック。
⑧ 前回の不良対策と同時に未知不良の発生が考えられないかをチェック。

(4) 生産図面の組立図

生産図面の組立図に対する検図は、これまで紹介した(1)〜(3)の総まとめといえます。これが終わると、図面は設計のもとから加工現場へとわたり、実際にものづくりが開始されます。生産前の最後の砦がこの組立図の検図です。

「業種」「機種」「機構」「機能」によって、広範囲かつさまざまな設計図面がありますが、重要なチェック項目はかなり共通しています。(1)〜(3)の検図ポイント以外の細かなチェック項目をあげていきます。

① パーツ同士の**取り合い部分の位置**関係や**動き**関係のチェック。
② 設置場所は屋内なのか屋外なのか、空間・スペースは十分な大きさか、設置場所の雰囲気・条件からの影響に対策がなされているか。例えばクリーン度、安全性、操作の作業性、錆、摩耗、温度、湿度、音などのチェック。
③ **アクチュエータ**を取り付けている面にかかる力に対して、面の部材が安全に受けられる強さになっているかチェックする。

④ 組立作業でチェーンやベルト掛けができる**空間があるか**、あるいはベルトゆるみに対応する押しネジの長さ方向の調整が可能な空間があるかチェック。
⑤ 用いられる材料は定尺か、標準的に入手できる物かチェック。
⑥ 隣接するパーツの動作との接触の心配や、当たり干渉のチェック。
⑦ 組立時に必要な、ブラケットの種類について、操作ボックス用、ケーブル用、センサースイッチ・検知器などがあるかのチェック。
⑧ エアー機器で操作する場合、シリンダー取付けに、ロッド先端ジョイントとナット（細目ネジ）、スピードコントローラ、エアー配管、エアーストップバルブが配置されているかチェック。
⑨ 加工や工作手段が図面から理解できるようになっていて、それらがコストパフォーマンスに配慮されて居るかチェック。
⑩ 安全カバーは、必要各部に適正に組立がされているか、例えば、回転軸の端部、駆動部、歯車、プーリ、チェーン、ベルト等のチェック。
⑪ キャスター・車輪の選定では、装置を移動するときの重さを、実際の設計重さの約3倍を想定するが、それがなされているかをチェックする。
⑫ 塗装色やそれの下塗り等の塗装仕様のチェック。
⑬ ネジやナットの回り止め・ゆるみ防止のチェック。
⑭ 輸送の際、道路交通法や車載手段で問題はないか、搬入・搬出経路と手段と建物扉の大きさの問題はクリアになっているかチェック。
⑮ 質量（重さ）は極力軽くする設計が良い設計であるから、設計がそうなっているかのチェック。
⑯ 組込み購入ユニットに特注品を使用している場合や、大物加工、特殊加工の特徴があると納期に関係するので、先発手配（発注）を行うようにしなければならないが、その手配手段のチェック。
⑰ 回転部分や揺動部分にはモーメントがかかるが、剛性やねじれやコジレに対応する設計かのチェック。

2-4 部品図の検図チェック項目をリストアップしよう

（1） 部品図全般に関するチェック

　部品図は、設計組立図からの生産意図を加味し、各パーツに完成させるために作成する詳細情報図面です。部品図は、設計の意図した通りに組立ができるように、材料・形状・寸法・公差のほかに加工条件などを明示する図面なので、実際にその通りに組立できるか否かを判断します。検図は素早くできることが求められています。

① 加工者に理解されるよう、簡潔に投影図が描かれているかのチェック。
② **押さえボルト**の「穴サイズ」「ネジ深さ」「数」また、通しボルト穴の「穴サイズ」「数」は、設計のとおりかチェック。
③ 加工の時の基準がどこかがはっきりしているかチェック。
④ 記入寸法は最少記入により、現場で見やすく、かつ計算する必要がないようになっているかをチェック。
⑤ 設計上、重要寸法とする意図が、部品図上に反映されていて、かつ加工者にそれが伝わるものかをチェックする。
⑥ 材質、表面処理、塗装等、設計からの必要情報が漏れなく記入されているかチェック。
⑦ 数個以上製作する物については、特にトータル寸法や関係する寸法を重要視して再チェックする。
⑧ サイズ上図枠内に入らず中間を抜くときは、わかりやすい寸法表示になっているかチェック。
⑨ 重量計算は正しいかチェック。
⑩ 寸法訂正や変更をした場合、他の投影図示部や詳細部部分や断面部などすべてを再チェックする。

⑪ 寸法訂正や変更をした場合、その図（部品）と関係のある部品図が影響されているか、影響されている場合、更新されているかチェック。
⑫ 寸法訂正や変更をした場合、どこかに関係している寸法はないかチェックする。関係組立図に寸法を入れて再三再四確認をしておく。
⑬ 個数の単位は、**個、セット、勝手ちがい**などというように表現することがあるため、契約数や手配数に問題がないかチェック。
⑭ 形状や数量やネジなどの描き落としがないかチェック。

（2） 加工と表面処理に関するチェック

① 加工寸法は、設計機能を含んでいる個所か否かをチェックする。
② 特殊加工の時は記号が入っているかチェックする。例えば、りーマ、ネジ、研磨、表面ロール加工、ローレット、ラップ、ホーニング、摺り合わせ、鏡面磨きなど。
③ 面肌記号や表面仕上げ粗さ記号は、機能性能上適切なものか、機能性能上において必要以上に加工が厳しいものになっていないかチェック。
④ 面取り記号、すみR記号は入っているか、それが組立上や、強度上、応力集中する個所ではそれを回避することを考えているかチェック。
⑤ 特殊表面処理が施されるパーツは、材質や性能・機能上において適切か、その部位範囲の記入は正しいか、処理方法の注記や処理厚さが記されていて適正かをチェック。
⑥ 熱処理の必要な部分に記入事項が入っているか、性能上や相手材質との硬さの関係は適正かチェック。
⑦ 熱処理方法の種別、硬度、深度、材質の適正、変形や劣化に対する注記、などのチェック。
⑧ 溶接構造の場合の溶接記号、溶接後の仕上げ記号が入っているかチェック。
⑨ 溶接構造の場合は、必ず**歪み**が出るので性能・機能上で注意するが、それを考慮してあるかのチェック。

⑩ 接着面の強度が確保できる形状か、部品材料の種類は適正かチェック。

⑪ 溶接作業時の溶接棒の角度が確保できるかチェック。

⑫ 振動する物のSUSの溶接は切欠きと同じ危険になり溶接は用いない、これが守られているかチェック。

⑬ 機能設計上、重要な部品形状にする加工法について、切削加工、製缶溶接、板金製法、鋳造加工、鍛造加工、レーザー加工、ワイヤー放電加工等、**加工のメカニズム上のストーリー**が明らかになっているかチェック。

⑭ 段取り替えせずに済むように、同じ加工工程ができるかチェック。

⑮ 極力、**左右対称のものづくり**になっているかチェック。

⑯ 制定規格（社内規格、ISO規格、JIS規格等）上の表記となっているかチェック。例えば、幾何公差、嵌め合い記号、表面処理、ネジ、材料と材質、キー等の機械要素品等のチェック。

(3) 寸法記入漏れや図形不足への部品図チェック

不注意からの「**ポカミス**」「**気づき漏れ**」、経験不足からの「**あっさり図**」とならないように注意深くミス防止の検図をすることが必要です。

1) 寸法記入
   ① 寸法の記入漏れのチェクは、漏れがない方法で行いチェックする。例えば、位置や穴や形状を立体化（体積）でチェックする等の工夫をする。
   ② 基準は加工基準と組立の重要度を考えた寸法記入かチェック。
   ③ 寸法の重複記入はないかチェック。
   ④ ペアーで加工する部品はペアー公差や合わせ加工（現物合わせ）等になっているかチェック。

2) 2次元図を3Dで検図
   ① 作れそうだけど3Dで描いたら形状が十分に成立しなかった。
   ② 3Dで描いたら寸法が足りなくて、途中で立体形状ができなくなった。
   ③ 3Dで描くと穴の空間配置が読み取れなくなり設計製図者に確認した。

2-5 コストダウンの検図チェック項目を確認する

　特にコストダウンを目的に設計改善を進める場合、**排除**（なくすことはできないか、部品点数の削減ができないか）、**結合**（二つ三つの部品を一つにできないか）、**交換**（安い材料に置き換えられないか）、**簡素化**（単純な形状にできないか）という4つの視点が重要となります。以下のチェックポイントはこれらの視点を具体化したものです。

① 部品点数を減らせ。
② 共通部品を増やせ。
③ 製品の品種を減らせ。
④ 製品の標準化を行え。
⑤ 一方向からの組立ができるようにせよ。
⑥ 単純な組付け方法を採用せよ。
⑦ ネジをなくせ、あるいはネジ径を統一せよ。
⑧ 部品の寸法や品質をそろえて調整をなくせ。
⑨ 対称形にできる部品は完全対称形にせよ。
⑩ 対称形にできない部品はつないでバラバラにするな。
⑪ 繋げられる部品はつないでバラバラにするな。
⑫ 部品の内部より外部に特徴を付けよ。
⑬ 組付けの際の位置決め基準は必ず設計せよ。
⑭ 芯出しが必要な軸は必ずテーパーにせよ
⑮ ベースとなる部品は安定形状にせよ。
⑯ 機械運動を維持する幾何姿勢のデータム基準を考えた設計をせよ。
⑰ 強度がなければ、いくら組付時に手当や調整しても精度は出せない。

2-6
グローバル図面の検図チェック項目を確認する

　グローバル調達、現地生産と、海外でのものづくりが年々増加傾向ありますが、この調達や生産に関する情報のやりとりの中心となる媒体は**図面**です。海外に進出している、あるいは取引きのある企業のほとんどは、図面の果たす役割の大きさに気が付きながらも、その扱いに苦慮しているのではないでしょうか。この現実を踏まえて設計図面はどのようにしていけばよいのでしょうか。わかりやすく確実な生産ができる手段として、口頭説明ではなく図面で意図を伝え、その図面通りの製品ができるという総合力を養いたいものです。それにはまず、検図の指摘を十分に加味して、設計図面がものづくり能力を発揮するように努力を積み重ねていくしかありません。

　自社内工場で利用する図面と異なり、グローバル図面の役割は、図面を介しての直接的な経済活動（取引）をするというものです。契約に当たって、顧客からは、製品の生産が無事終了する信じる根拠が求められます。このとき、契約内容を図面に表現し、顧客との間の**コミュニケーションツール**として活用するのです。

（1）　技術的確度を上げるための「技術情報＋図面」のチェック

　図面から読み取られるべきなのは、必要なデザイン・機能・性能を作り出すための根拠、また完成に至るまでの技術的なプロセスです。図面を見ながら、顧客に意見を求め、同時進行で技術検証を行うことで、失敗しないものづくりが生み出されます。

　ここで必要になるのは、**仕様を技術情報に置き換える作業**です。つまり単なる図面ではなく、「技術情報＋図面」にすることです。このチェックには、サプライヤーをはじめ、調達担当者や設計者や製作・工務担当者らが一堂に会

し、過去の経験を踏まえつつ、仕様項目に沿って設計するための意見を出し合います。このとき、重要なのは以下の点です。
・確実なものづくりで結果を出すことが目的で、経験的なことがお互いに伝わり理解できる内容で、仕様の各種事項が述べられているかのチェック。
・設計が意図するものづくりの加工方法や手段が相手に理解できる内容であるか、あるいは試作のサンプルを要求して、作った加工プロセスも提出してもらい不良発生がないようにする。

（2） 組立図のチェック

この組立図チェックの特徴は、本章 2-3 節、2-4 節で紹介した生産図面の組立図が基本となります。また設計段階では、実際の製造するメーカーが未定であることも多く、未知の度合いが高くなるものの、どの地域、どの国のメーカーで作られることになっても、設計の意図がきちんと伝わる図面になっているか否かが重要となります。したがって、前提として試作を実施し、そのデータを採って、自己確認しておく必要があります。ここでのチェックポイントは以下の通りです。

① 組立上の曖昧さがないかのチェック。
② 実際に試作・評価をした経験をもとに、求める機能に必要な最小構成の組立形状であるかをチェック。なお、試作品の**仮組立**を設計者が行うと自己検図力の強化につながる。
③ 寸法記入と寸法公差の個所は、特に基準となる重要な個所の意味を示しているかのチェック。
④ はめ合い公差は、最大限に加工がしやすい公差値で明示されているか否かのチェック。
⑤ 幾何公差の対応は、相手側にとっては未知なる部分だと思った方がよい。幾何公差がわかるということはどういうことかを知ってもらっておく必要があるので、組立図とは別途に**幾何公差の対応の図**を描いて渡す必要がある。このとき、機械装置の特徴を説明して幾何公差とともに理

解してもらう必要がある。また、はめ合い公差および表面粗さ記号も同様に、公差の意味そのものと、ものづくりの精度および性能を伝える図面にしなくてはならないが、図面がそうなっているか否かをチェック。

⑥ 設計に間違いはなくとも、相手にとって理解できない内容となっていないか、通じない図示や、省略や曖昧さが残ってないかチェックして解消しなくてはならない。

(3) 部品図のチェック

我が国では、組立図およびその機能説明と、部品図を用いて、その部品の動きや締結などの役割をすべて表現します。製造工場では、そこからものづくりに必要な情報をすべて受け取り、性能に必要な機能部品を完成してくれます。その際、製造現場が豊富な経験をもとに完全に動作する機械を実現してくれます。たとえ、はめ合い公差や幾何公差が記入されていない図面であっても設計者が意図した通りの完璧な動き実現してくれることも少なくありません。

しかしグローバル図面では、そうやすやすとものはできてきません。部品図の自己検図を含めて、各部署の総力を挙げてグローバル図面に対応するチェック態勢をつくる必要があります。部品図のチェックは前述の通り、組立図と行きつつ戻りつつする作業です。以下に示すチェック項目には、従来から行われてきた検図に加えて新しいスタイルに向けた検図への記述がありますので、確認してください。なお、図面を渡せば、特段**加工者と打合せをしなくとも、正しくできあがってくる図面に仕上げなくてはなりません**。そのためには図面に"曖昧さ"が、残っていないかチェックを怠ることができません。

① ミスには、**設計のミス**と**製図のミス**があります。検図では、この両方のチェックを行う。

② 図形寸法は、"ここが基準だよ"ということがわかる図面になっているかをチェック。

③ 前回の不良対策は講じられているかチェック。

④ 幾何公差は、部品加工者だけでは対応できないときの指示があるか否か

チェック。
⑤ 寸法公差は、特に重要な個所とその意味を示しているかのチェック。
⑥ 仮に寸法漏れがあったら現場で気が付いてくれるから大丈夫だということにならないので、厳重なチェックをする。
⑦ 国内生産用の図面であれグローバル図面であれ、寸法記入が十人十色というわけにはいかないので、検図者は一定の混乱ない記入になっているかをチェック。
⑧ 技術に係わる社員が、所属部署の果たすべき役割として図面を確認してもらうことでより一層の検図力の強化がなされると思う。

A先輩とB後輩
A「加工現場で加工中に寸法漏れがあるとどうなるかわかってるか？」
B「はい、加工担当者から寸法の入っていない箇所を指摘され、その物の加工が一時中断されてしまいます」
A「じゃあ、どうしたら寸法漏れのポカミスをなくすことができるかを考えて、ちゃんとした図面を出してくれよ！」
B「はい、わかりました」
A「寸法漏れが出ない検図のやり方を教えてやるからよく聞いておけよ！」
B「是非ともお願いします」
A「図面も加工する品物も同じ立体として検図しなさい。そうすることで寸法チェックのときに立体形が成立してないときは寸法の記入漏れがあるんだ、たったそれだけだ！　複雑な形状に対しては、何片かに分類して単純形状にすることだよ。また、穴も同じで深さが未記入であれば立体形

2-7 目的ごとの検図チェック項目をリストアップしよう

　ここでは、検図の対象や目的ごとの検図チェックポイントについて、取り上げていきます。リストからもわかるように検図の着眼点は、すなわち設計ノウハウといっても過言ではなく、自社のものづくり技術を確認するうえでも有意義なものとなっています。

（1）ノウハウ技術に関する検図ポイント

① 前回の不良対策は反映されているか。ものづくりにおいて、設計の責任は重大です。ものづくりは、まさに図面に始まって図面で終わるといっても過言ではないからです。前回の現場の最終状況を、今の設計・図面に反映しなくてはなりません。最後に現場で手を加えたとか、前回部品手配の重複はなかったか等などの確認です。

② よりコスト安にするシンプル機構、材質、加工・センタ振り分け、表面処理、構造設計、ボルトピッチサイズ、在庫品を使用、現地工事の方法、組立時の方法。

③ 材料の定尺
　　材質、板厚×幅×長さ。

④ 加工できるかどうか
　　大きさ、逃げ、エンドミルR。

⑤ 注記の加工指示に注意
　　相手合わせ加工、勝手反対加工。

⑥ 穴明け
　　加工完成品に対するクレーン吊穴、電気ケーブルのルート穴、エアー抜き穴、Uボルト穴。

⑦ 図面指示

求めたい穴位置寸法、取付の基準は左か右か加工精度と公差で変わる。面取り、面肌、全台数、署名、尺度、装置名、品名、品番。

⑧ ブラケット

長穴寸法の記入方法、コンセント、操作盤、電気配線を必要とする機器、LS（カバー付きリミットスイッチ）SOLV（エアー機器用ソレノイドバルブ）。

⑨ 安全カバー

ベルト駆動装置部、チエーン駆動装置部、回転や直進動作や物のはみ出した部分。点検のぞき窓、給油口のふた、軸の端面部。

⑩ ゆるみ防止

回り止め、ズレ止め、バックアップ押しネジ、基礎ボルト、キャスター。

⑪ 納期

納期に日数がかかる物は先に先発手配する、工事の環境や作業性を考えた設計をする。

⑫ リスト

ベルトやチェーン長さ、カップリング継手、スピコン、配管ジョイント、位置検出センサ、SOLV、エアー3点セット、ブレーキパック、消耗品、点検交換予備品。

（2） 強度・性能計算に関する検図ポイント

① 応力、安全率、使用係数、摩擦係数、寿命算定、静・動荷重、荷重方向、効率、ピーク時・ロード時の差は的確であるか。

② 機械部品、機構材にはモーメントのかかる場所が多い。モーメント、コジレ、剛性はよいか。

③ 鋼構造部材の x, y 軸の使用方向に配慮する。荷重方向として、x, y, z 方向を常に考える。

④ 重要部分については、重要部分が破損する前に軽度の破傷ですむ個所に

力が逃げるような安全設計がしてあるか。
⑤ 応力の算定に対し、材質、熱処理の選定に誤りはないか。
⑥ 熱の影響のあるところでは、熱応力が大きな要素となる。

(3) 一般機械検図の例

① 使用者の求めている諸機能を把握しているか、また説明できるか、抜け落ちはないか（運搬、移載、分離、集合、集積、荷くづし、計数、位置決め、割出し、ストック、組立、選別、混合、供給、記録、計算、秤量等）。
② 使用者の求めている能力を確実に把握しているか。特に常用値と最大値、その時間的な構成割合、能力については数字的に示されているので項目別に明記する。
③ 設計の基本構想、設計思想、主体性がどこにあるか。特に互いに相反する性能を求められることが多いので、いかにそれを両立したか。
④ 性能計算に手落ちはないか。必ずタイムチャートを作成し、検図のときはそれを見ながら行うこと。寿命、定格、効率、安全率、性能等級、（規格のあるもの）騒音、振動等に注意し、全体にバランスのとれた性能となっているか。
⑤ 既設計ユニット、既設計部品（過去に使用実績があり安定したもの）を使用し、かつ発展設計を心がける。
⑥ 部品点数を極力減らし簡潔設計となっているか。
⑦ 不測の事故を想定しておくこと。高価な部品、長納期の部品、最重要部には安全設計を心がける。
⑧ メンテナンスがやりやすい構造となっているか。寿命部品のあるところ、注排油、オイルゲージ、伸び、調節箇所、ネームプレートの方向。エアー配管、電線ダクトのスペースは必ず確保する。
⑨ 製作可否、製作しやすいか、必要以上に複雑な構造にしてないか。
⑩ 運転調整が楽にできるか。

⑪ 重量は極力軽くなるように心がける。軽量化は省資源に通じ一般的に性能がよい。（ただし、剛性不足にならないように）。
⑫ 運搬、搬入できるユニットになっているか。社内およびユーザー先の搬入経路に注意する。
⑬ ユニットとユニットの接続部分の据付に対しての考慮は十分か。
⑭ 組み込む購入部品を、ユニットの性能を熟知したうえで使用されているか。メーカーの性能表示は一応上限リミットと考えよ。今までの経験より新製品については要注意。能力、寿命、定格等。
⑮ 規格品が使用されているか。JIS、JEC、外国規格、国際規格（ISO）。
⑯ 電気関係機器使用については特に定格、温度上昇、使用頻度、使用条件について注意を要する。
⑰ 制御系統と機械系統との能力の同調は十分に行われているか、無理はないか。
⑱ 制御部品、ユニット、配管の機械への設置方法はよいか。設置場所、方法を必ず考えておくこと。
⑲ 自動運転で非常停止時の維持方法、復帰方法の確認。
⑳ 機械設置場所に対する雰囲気の考慮。輸出仕様については特に注意すること。
㉑ 設備、装置等については機能を記入したシステム図、フローチャート図を作成のこと（図 2-1）。

(4) 加工検図

① 一般的な寸法は、その機能上必要にして最小限度にしてあるか。
② 仕上記号、表面粗さ記号は、性能上適切なものであるか。記号通り加工できるか（設計として必要以上のものを求めることが多い）。
③ 面取り記号、隅 R 記号は入っているか（組立上、強度上の難易、可否より）。特に R 記号については応力の集中する個所に注意。
④ 特殊表面処理が性能上必要か、適切か。処理部位の記入、処理の註記、

第 2 章 検図の対象と目的を確認しよう

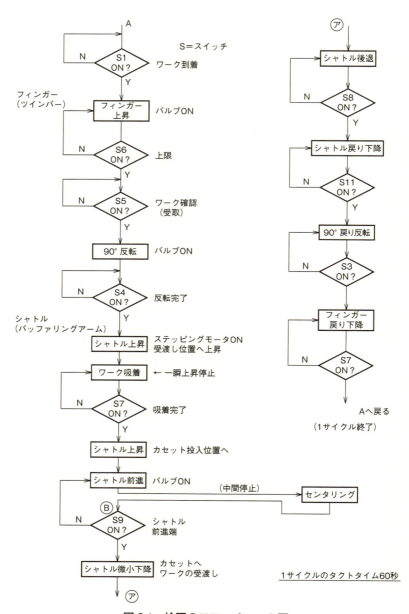

図 2.1 検図のフローチャート図

処理方法、処理厚さ、処理を及ぼしてならない部分があればその記事、適用規制記入事項に漏れはないか、材質との関係は適切か。

⑤ 特殊加工記号は入っているか。研磨、表面ロール加工、ローレット、リーマ、ネジ、ラップ、ホーニング、摺合せ、組付後加工、必要あれば組付順序。

⑥ 熱処理の必要な部分に記入事項が入っているか。性能上および相手材質との関係は適切か。熱処理方法の種別、硬度、深度、材質の適否、変形、劣化に対する注記等。

⑦ 溶接、特殊接合記号が入っているか。溶接記号、溶接後仕上記事、特殊接合記事。溶接したものでは必ず歪みが出るので、性能上注意を要する。実際に溶接ができるか。

⑧ 部品形状に切削機械、鍛圧機械、鋳造でできるか。

⑨ 材質は性能をみたすうえで最適なものか。熱処理しないものに高級な材質は不要。

⑩ 加工関係の註記の適否、有無を調べる。中間仕上、清掃、保存上での処理、取扱い上での注意、特殊製法、刻印、センタ穴等。

⑪ 左右対称にできるものは、極力左右対称部品となるように考える。

⑫ 参照図の基本を把握しているか。既成の図面を極力利用し、同じ治具を使用できるようにする。

⑬ 全体の性能を考え、バランスのとれた公差を必要な箇所へ記入してあるか。部品単位を考えるのでなく組立後の状態を十分に考慮する。

⑭ 加工および熱処理後の応力集中に注意。焼割れ、端面から溝までの寸法。

⑮ 自社内での加工を考えなくもよい。大型加工、特殊加工。

⑯ 同じ機械工程（段取り替えなし）でなるべく加工できるように設計されているか。

⑰ ピン、ロット等でスパナ掛け等の回り止めが設けられているか。

⑱ はめ合い、仕上面肌記号・仕上面粗さ、表面処理、キーの規格、タイムチャートの書き方などが、社内基準通りか否か。

⑲　ウレタンライニング等は適切な硬度の指示があるか。

（5）　組合せ寸法検図

① 部品の組合せの性能面での可否を十分に検討する。歪み、たわみ、運動、累積誤差、熱変位を充分に考慮すること。
② 組立の適否、メンテナンスがしやすいか、動いたときの相互の干渉はないか。
③ 不測の事故の起きない構造にすること。ボルト、ナット、キー、ピンの抜け落ち、シャフトと部品との移動（カラーのないため）、ネジのゆるみ（最重要部、振動部にはＵナット以外の完全な回り止め）位置決めピン。
④ 潤滑を十分に考慮してあるか。
⑤ 機械設置場所の雰囲気に対しての考慮が十分であるか。防水、防錆、防塵、防爆、防火、防音、耐熱。
⑥ 外径等の部品の最大寸法が可搬、搬入可能か。
⑦ レベル、芯等が出しやすい構造か。
⑧ 機械要素系には、一つの要素に原則として異なる機能を持たせるな（例えば、ネジは締付であり、位置決めではない）。
⑨ 組み上がったユニット、組立品に公差の必要なものについては必ず記入する。
⑩ 移動系、回転系には、方向を示す矢印を必ず付記すること。
⑪ ネジが締めやすいか。
⑫ センサとアクチュエータの組合せ上での寸法は適切か。

（6）　規格検図

① JIS（ISO）に制定されているものはこれに従がう。社内規格は JIS に優先する。はめ合い、仕上げ記号、表面処理、ネジ、材質、キー等
② 製図規格（ルール）にあてはまっているか。

（7）　干渉検図

① xyz空間で当たりはないか？
② 直線移動による動作部の接触はないか？
③ 回転やスィングによりぶつかるボルト、ナットなどはないか？
④ 修正変更した箇所とその相手には干渉はないか

A先輩とB後輩

A「xyz空間設計って知ってるか？」
B「何のことかさっぱりわかりません」
A「設計には、X左右長さサイズ、Y奥行きサイズ、Z高さサイズからなる立体空間といえばわかるか？」
B「はい、わかります」
A「ここからが難しい所になるんだが、空間の各サイズにも両端では、設計物の構造が異なり空間の層が出てくる」
B「そうですか、難しいですね。」
A「サイズが足りなかったときはどちらかを増やしてどちらかを減らす（切り取る）か、もしくは中間部分を削除して、プラスしたりマイナスしたりすることが空間制限内設計という事だ。念のために伝えておくよ」
B「なるほど」

2-8 仕様技術表で検図精度を高める

　本章2-6節では、仕様を技術情報に置き換え、図面に反映していく必要性を説きました。これにより、図面を介して、設計の意図を伝えることができるようになります。

　ここでは、その具体的な方法として、コミュニケーションツールである仕様技術表の作成と、その活用を事例で紹介します。

（1）　設計基本思想を確立しているか
　　　―高温対応ロータリーバルブの開発

（i）　背景

　電動ロータリーバルブは、粉体の乾燥や燃焼装置から得た粉体や燃焼物質（高温灰）等を、装置の高温熱風容器の回収流路の下部に取り付けて、熱風と粉体とをロータで切り分けて、高温の粉や高温物質を自由落下させ回収する回転バルブです（**表2.1、図2.2**）。開発の動機を以下に示します。

　通常、バルブはロータ羽根先端と円錐形ケーシング内壁の間に一定のクリアランス（隙間）を設けてあります。しかし高温下では、このクリアランスが温度変化（高温）により羽根が熱膨張の影響を受けて狭まり、羽根先端が内壁面に接触してかじり現象を起こし不具合となります。逆に温度降下に際しては、過大クリアランスが生じて、これも不具合となります。現在この不具合の是正には、温度の上昇下降に合わせて、人がつきっきりで手動操作を行い常温（室温）から高温までの不具合に対応しているのが実状です。

　開発対象である高温対応ロータリーバルブは、常温から高温まで、運転中に人的操作や電気制御を行わずに問題なく連続運転（回転）を可能にする単純で高機能形バルブです。創造設計によりこれまでにない要素を盛り込んだのが特

2-8　仕様技術表で検図精度を高める

表2.1　仕様技術表（過去の一般バルグ）

項　　目			計画仕様	メーカB：設計テックス
ロータリーフィーダ				
機器番号			2016	←
型式			ロータリーフィーダ	← RM350-300A
数量	基		1基	
搬送物			ABC	←
能力	定格	t/h	0.3～30	
	常用 Max.	t/h	30	
運転圧力		kPa	大気圧	
運転温度		℃	80	
寸法				
口径		mm	300A JIS5K	300A
面間		mm	＊700	750
ロータ径		mm	＊Φ500	Φ500
ロータ幅		mm	＊360	250
羽根枚数			＊8	←
ロータ軸	羽根取付部	mm	Φ＊	Φ70
	軸受部	mm	Φ＊	Φ60
ロータ形式			ダブルヘリカル、サイドプレート付	←
ロータ容積		L/rev	＊84.7	72.5
回転数	定格	min-1	＊1.23（6Hz）～12.3（60Hz）、Max. 15	＊＊＊（＊＊Hz）
	常用 Max.	min-1	＊12.3（60Hz）	14.6
回転方向			＊駆動側から見て反時計回り	←
容積効率（トラフ充満率）η		％	＊80（Max. 90）	80％
容積容量		m3/h	＊50（60Hz、η＝80％）	50.8
駆動方式			＊チェーン駆動(チェーン駆動または直結)	←
チェーン型番			＊RS80×1列	♯80
駆動スプロケット	モータ側/負荷側		＊NT17/NT34	15：26
電動機	台数	台	1	←
	出力	kW×P	＊2.2×4P	←
	減速比		＊1/71	1/71
	出力軸回転数		24.6	＊＊＊（6Hz）～ ＊＊＊（60Hz）
	電圧	V	AC400V×60Hz（INV）×3Φ	INV. なので 60Hzとすること
	定格電流	A	＊	

「＊」は、これから明らかにするための確認中の項目

第2章 検図の対象と目的を確認しよう

品番	部品名称	材質	数量	備考
23	ガイドバー	S45C	2	
22	パッキン 13	バルカー#6500	1	
21	相フランジ	SS400	1	
20	カバー	SS400	1	
19	ベアリングユニット	FYH	1	UCF°213
18	点検口	SS400	1	角120×400
17	シールリング	フェルト	2	
16	シールプレート押え	SS400	8	
15	シールブレード	布1番入り天然ゴム	8	
14	アジャストボルト	SS400メッキ	2	
13	モータベース	SS400	1	
12	チェーンカバー	SS400	1	1778L
11	チェーン	椿本	1	#80×70リンク
10	スプロケット	椿本	1	#80-30
9	スプロケット	椿本	1	#80-15
8	サイクロ減速機付	住重	1	CHHM3-6135-59
7	ベアリングユニット	FYH	2	UCF°212
6	グランド押さえ	SS400	2	
5	グランドパッキン	テフロン	2式	PTFE4500
4	スタッフィングボックス付サイドカバー	SS400	2	
3	シャフト	S45C	1	万失込入り
2	ロータ	SS400	1	天然ゴム内張
1	ケーシング	SS400	1	点検口付
機種名	500角×Φ600 2次破砕機サイクロン			台数 1系1台 2系1台
図面名	ロータリーバルブ構造図			尺度 not

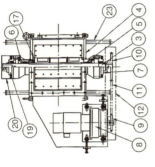

構造図

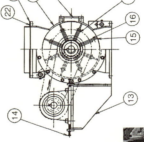

図2.2 過去の一般バルブの概要とバルブ羽根部および回転軸

概要

本ロータリーバルブは、一般的にホッパー下、空気輸送中における投入入口、サイクロン下、集塵機下の払出し等、圧力差での粉粒体処理に使用され、圧力を遮断し、所定の処理物を取り出す事を目的としております。
その他ビンからの定量取り出しや各種粉粒体機器への投入、排出等に幅広く使用されます。

○ ロータ形式　　○ 主な軸シール方法
1) ゴムブレード付タイプ　　1) グランドパッキン式

60

徴です。

(ⅱ) 開発品の概要

具体的な形状を**図 2.3** に示します。

例えば、常温時のバルブの羽根先端とケーシング内壁に 0.1mm のクリアランスが設定されています（**図 2.4**）。これを、常温から高温の 400℃までを単純な本機構が内部的に自動で当初のクリアランスを維持できる仕組みを発明しました。問題解決のアイデアは、テーパ（円錐）ノックピンの現場での取扱い操作と、機械工学（設計）で金属・非金属の熱膨張計算の講義を行った経験から閃きました。材料により線熱膨張係数の違いを利用する方法です。

例えば、ケーシング（円錐・テーパ菅）内壁の角度を 3°の傾斜にして、これと平行にクリアランス 0.1mm でロータの羽根を設けます。ケーシングの内径は熱応力を受けて膨張しますが、円筒形の構造だから直径方向にはそれほどの拡大になりません。一方、ロータの羽根は板なので外側に自由に延びます。すると、延びた分をロータが円錐の拡大方向に移動することで、0.1mm のクリアランスを自動的に維持できるといった仕組みです。

(ⅲ) 検図のポイント

これを演出するのは、一本の単管です。この単管自身が温度上昇からくる熱膨張により羽根付きのロータを軸方向に押して移動させます（**図 2.5**）。この単管をプッシュ管と呼ぶことにして説明します。ここに、プッシュ管の長さ 210mm のアルミ材にしたときのプッシュ方向の伸び量の計算は、$24.1 \times 10^{-6} \times 400℃ \times 210mm = 2mm$ となります。これを、一辺が 2mm で、角度 3°の直角三角形から求めると 0.1mm になります。これが熱膨張によるクリアランス減少に対応する数値の理論になります。

300℃になってもクリアランス 0.06〜0.02mm 以下が保てる。ロータリーバルブの寸法関係として、例えばケーシングの傾斜角度 3.5°、今回発明の主旨とするプッシャ管の長さ 120mm に設計した場合には、温度が上昇することにより次のような効果が得られます。羽根の外形部が膨張することによりケーシングの面とのかじりが生じるのでこれを解消します。このケースの場合、工場の

第2章 検図の対象と目的を確認しよう

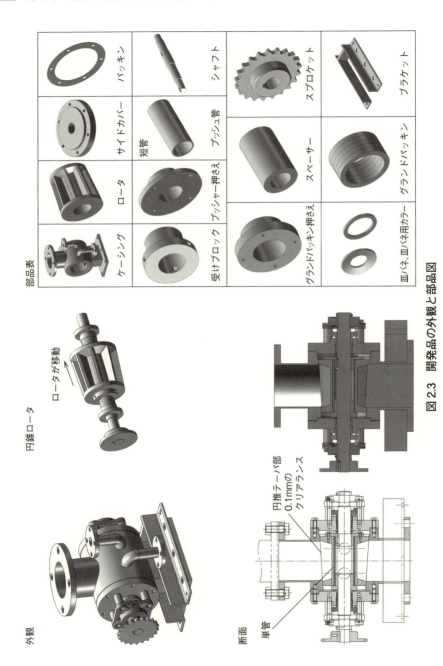

図 2.3 開発品の外観と部品図

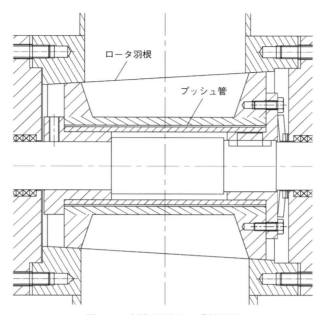

図 2.4　高機能型バルブ断面図

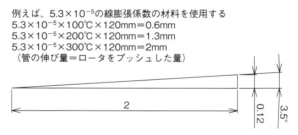

図 2.5　線膨張係数

常温状態で製作し組み立てたときにクリアランスが 0.05mm 以下から 0 の範囲あった場合でも羽根が熱膨張で外周部に向かって 0.1mm 延びてもケーシングに食い込むことを回避できます。

第3章

ケーススタディで学ぶ検図の着眼ポイントと設計の改善策

　ここでは、ケーススタディとして二つの装置の検図を実際に見てみましょう。一つ目は、粉砕機の事例で、計画詳細設計 ⇒ 生産図面というプロセスの中で必要になる検図を解説していきます。

　また、二つ目は、小型加振機の事例で、企画仕様 ⇒ 概念設計 ⇒ 構想設計 ⇒ 計画詳細設計 ⇒ 生産図面という一連の設計プロセスの流れの中で検図のポイントを紹介していきます。『検図力＝設計力』という視点からの検図のポイントと改善策の勘どころを掴みとってください。

3-1 粉砕機の検図ポイントと改善策

　ナックルパンチ式粉砕機とは、ノズルに木質ペレットを落下させナックルパンチ粉砕室に取り込み粉砕を行うものです。木質ペレットのサイズは、丸6×10L程度のサイズですが、これを小さな粉という程度に粉砕する目的の粉砕機です。以下に概要を示します。

　　機械名称　　　　ナックルパンチ式粉砕機
　　軸回転速度　　　12,000RPM 以下
　　使用軸受　　　　アンギュラベアリング
　　粉砕パンチ数　　放射上に8個円周上等分配置

（1） 粉砕機計画図の説明

　計画詳細図は本体で、左側が軸を中心とした断面図そして右側面図です。下記の検図で重要なことは、**本体の姿勢を安定させるための土台となるベース**になります。取り付けベース面は本体下部の水平加工面にしてあります。中心の大きな軸の左側には駆動プーリのボスにキーで締結するジャーナル（軸首）で、右の軸端部横の空白部は、上部から落ちる粉砕原料の木質ペレットを受け入れる粉砕室です。

　側面図は、放射状に円周上等分に8個のパンチングローラが軸に締結されており、ハブとリンクを介して配置されています。図3.1 は、このパンチローラの回転圧でケーシング内面へ向け粉砕物に衝撃力を与えて粉砕する構想計画図です。

（2） 粉砕機断面図の軸回りの検図説明

① まず、軸に軸受を組立てますが、左右に2個ずつアンギュラベアリング

3-1 粉砕機の検図ポイントと改善策

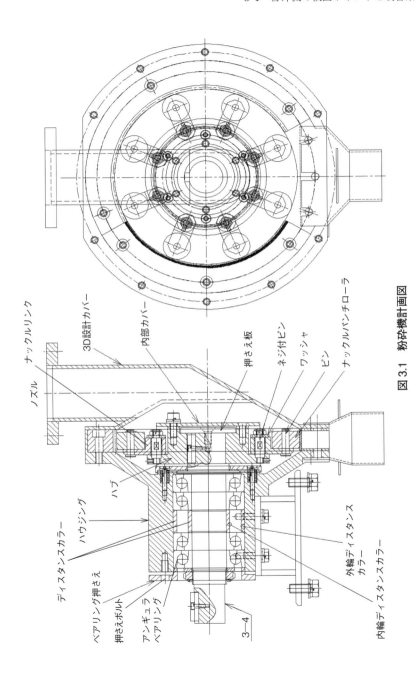

図 3.1 粉砕機計画図

が配置されています。この間にディスタンスカラーが設けられていて軸駆動の安定運転が図られていて、かつ性能の確保がなされています。このときにカラーの外輪用を**組付時の基準**にして、内輪のディスタンスカラーはこれに合わせるつくりと検図をしました。

② 次に、左側のベアリング押さえ（図3.8）は、ハウジングへの押さえボルトで組付けるときに隙間が設けられていますが、これは、ベアリングを押さえる力の調整を軸の駆動時の性能を確認して、**寸法は組付け時に調整**して隙間がほぼゼロにして仕上げるためなので良いとして検図しま

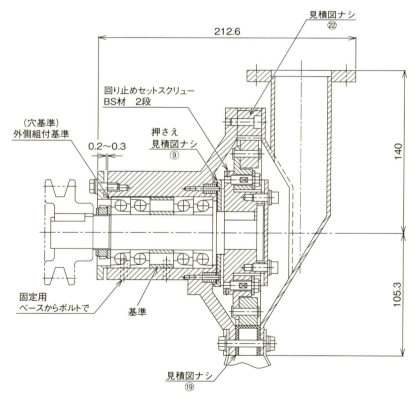

図3.2　粉砕機断面図

3-1 粉砕機の検図ポイントと改善策

した。
③ また、右サイドの押さえ（図 3.2）は特殊な調整押さえができるようにしてあり、これを認めました。ナックルレバーを固定するネジ付ピンの先端ネジを回すために**スパナ掛けの平取**をしてスパナでねじ込みます。このネジがゆるんでくるのを止めるために回り止めとして、外周面からBSネジを 2 個直列の使用で押さえ止めにしました。ここでスパナ掛けの平取は必要があるか？　と気がつき部品図で指示をすることにしました。

計画図（**図 3.2**）は、部品図を検図した結果の修正後の部分と、検図前の部分が混在してあることをご承知ください。

図 3.2 の断面図を見ると、右側のテーパから大きくなり円盤状に広がる**内壁部の肉厚**に気付くのではないでしょうか。設計者は、質量は極力小さくする設

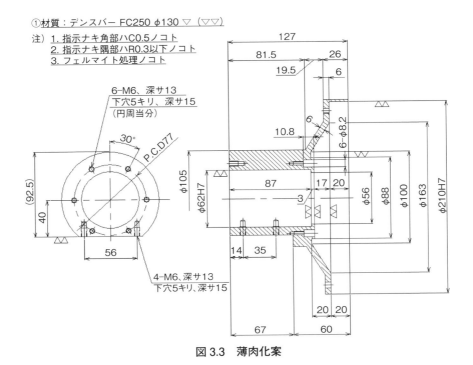

図 3.3　薄肉化案

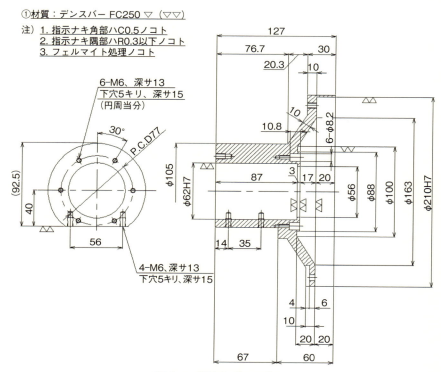

図 3.4　指摘を受けて修正

計が必須なので、肉圧をぎりぎり薄くしてあることはよく理解できます。しかし、機械加工するときの切削バイトを押さえる力に充分に耐えられず、肉厚が薄いことが原因で切削振動が生じることが考えられます。よって**厚さ 6mm から 10mm にする**検図になりました（**図 3.3**）。

図 3.3 に示した指摘を受けて修正した図面が**図 3.4** です。ご覧のように肉の厚さに安心感が出ました。それは、6mm の厚さを 10mm に変更したことによります。**図 3.5** は、検図の指摘で、関連寸法を変更した図です。

図 3.6 は、高速回転で、かつ衝撃性用途の軸と考えて、一般構造用炭素鋼鋼材（S45C）から、炭素工具鋼鋼材（SK-3）に変更の指示をしました。高周波焼入れの記入は、HRC48～59 を HRC45 にするよう検図しました。

3-1 粉砕機の検図ポイントと改善策

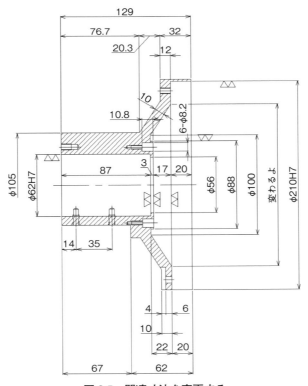

図3.5 関連寸法を変更する

第3章　ケーススタディで学ぶ検図の着眼ポイントと設計の改善策

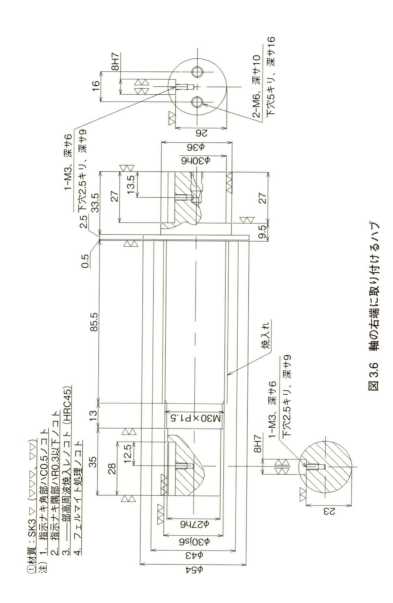

図3.6　軸の右端に取り付けるハブ

3-1 粉砕機の検図ポイントと改善策

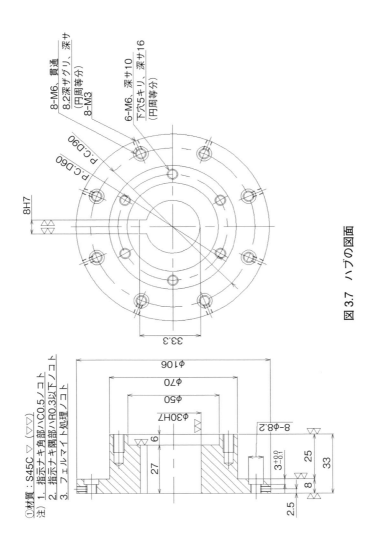

図 3.7 ハブの図面

第3章　ケーススタディで学ぶ検図の着眼ポイントと設計の改善策

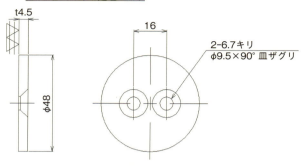

図3.8　ベアリング押さえ板

　図3.7のパーツは、軸の右端に取り付けるハブであり、材質がSUS304となっていますが、これをS45Cへと変更を指示して、コストダウンと材質に対する設計思想を正した例です。ちなみに、S45Cは焼入れ処理より材料の持つ特性を発揮するので生材で使います

　図3.8は、ハブの軸からの抜け出しを押さえる、押さえ板です。軸の右端に2個所のネジを切り90°皿ビスで押さえます。材質はSS400の一般構造用圧延鋼材でありt5の板厚の材料はないのでt4.5に検図修正しました。

　図3.9は、ナックルリンクで、SS400の一般鋼材用圧延鋼材をSK-3に変更して、焼入れも考えていましたが、焼入れをやめてS45Cに材質の検図修正をしました。そして、これまでの検図からの変更に関係した関連寸法の変更をしました。

　図3.10は、左側のベアリング押さえで、押さえるときの力の調整が可能な寸法に検図修正しました。そして用途の求めている材質を、SS400　一般鋼材用圧延鋼材から、強度や硬さや切削性が増す、S45Cに検図修正しました。

　図3.11は、ハブに組み付けるためのネジ付ピンで、ネジを回す方法はスパナで回すときのようなトルクは不必要なので端部にスリットを切りマイナスドライバーで回せるものと判断して検図修正しました。したがってスパナ掛けは

3-1 粉砕機の検図ポイントと改善策

①材質：SK3（HRC55）▽（▽▽）　他の関連寸法を変更のこと
注）1. 指示ナキ角部ハC0.5ノコト
　　2. 指示ナキ隅部ハR0.3以下ノコト　他
　　3. フェルマイト処理ノコト

図 3.9　ナックルリンク

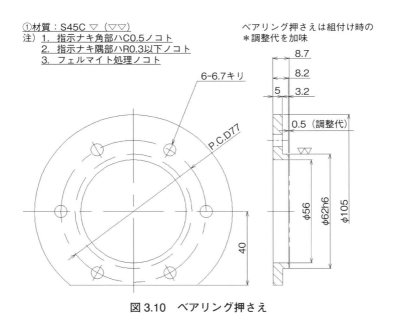

図 3.10　ベアリング押さえ

なくなり、実際にスパナを回すとしても場所的に厳しい所でもあったので、その心配もなくなりました。

　図 3.12 は、ナックルローラをナックルリンク止めるためのピンで、ローラ

75

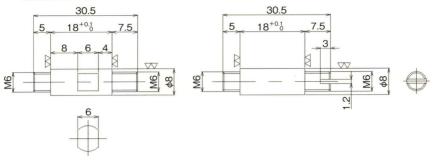

図 3.11　ネジ付ピン

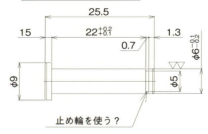

図 3.12　ナックルパンチローラをナックルリンクに止めるピン

はピンを軸にして自由回転します。気になるのは、ローラの飛び出し防止用の止め輪セットの溝ですが、C型かE型かとしたら、三爪のE型で止めるべきです。ネジナットでネジの回り止め方式が最も安全ですが、用途とスペースとコストを考えると同時に、安全第一で通用するE型止め輪にするよう検図しました。

図 3.13 のナックルパンチローラは、落下して室内に入って来た木質ペレッ

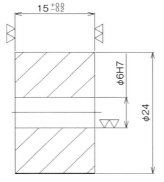
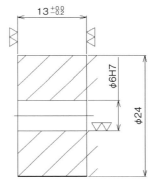

図 3.13　ナックルパンチローラ

トを粉砕するローラです。放射状に 8 個、円周状に等分配置した設計です。材質は S45C に検図修正して、他の寸法変更の影響を受けて 15 から 13 にしても機能は影響がないとして検図修正としました。

図 3.14 は、はじめに検図した断面図の指摘で、この外輪用ディスタンスカラーを組付時の基準にして検図します。内輪用ディスタンスカラーとは、1 セットとして加工を行うという検図指摘です。また幾何公差の平行度と軸直角度などを設けなくてはなりません。つまり性能を出すときのポイントとなるパーツだということです。

図 3.15 では、内輪用ディスタンスカラーとして、外輪用と 1 セットとして加工を行うという検図指摘から、幾何公差の並行度や軸直角度などを設けなくてはならないと指摘します。外輪用同様、これも性能を出すときのポイントとなるパーツということです。

図 3.16 は、内部カバーで SS400 の材料厚さを用いるために t3.2 に検図修正を行いました（設計思想に問題アリです）。

図 3.17 は、粉砕室にノズルを一体にした製缶部品ですが、検図するとどう

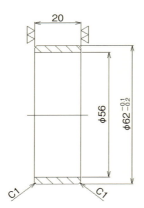
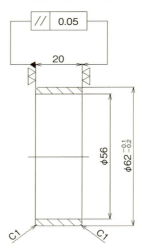

図 3.14　外輪用ディスタンスカラー

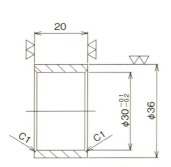
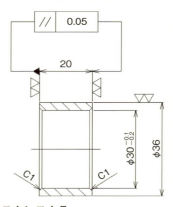

図 3.15　内輪用ディスタンスカラー

3-1 粉砕機の検図ポイントと改善策

①材質：SS400
注）1. 切断面ハ〜テノコト
　　2. フェルマイト処理ノコト

仕上加工不要だから

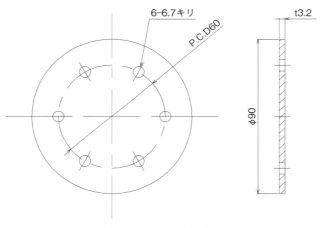

図 3.16　内部カバー

①材質：SS400
注）1. 指示ナキ角部ハC0.5ノコト
　　2. 指示ナキ隅部ハR0.3以下ノコト
　　3. 溶接方法ハ一任スルガ、溶接部ヨリエリアー漏レナキコト
　　4. フェルマイト処理ノコト

厚くして機械加工にするか？

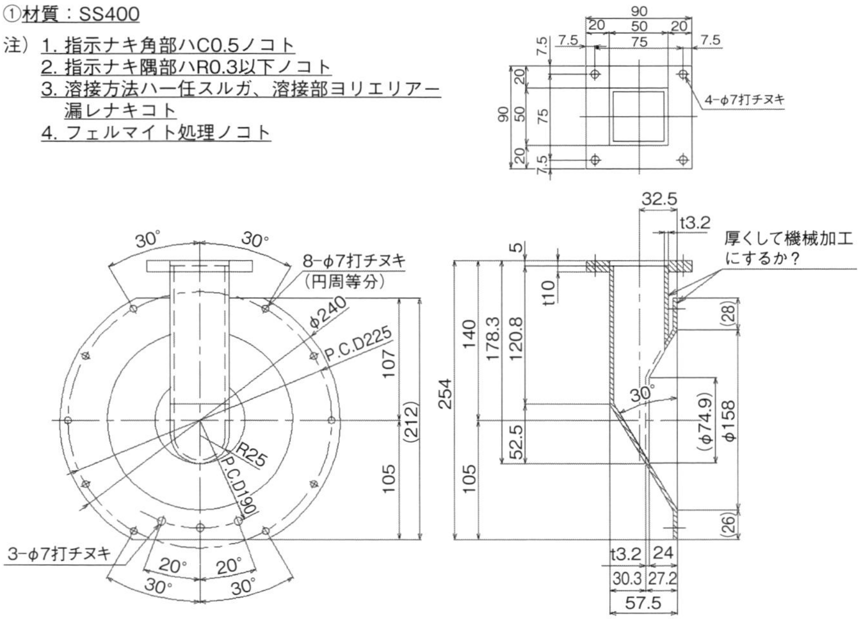

図 3.17　検図しづらい形状

第3章　ケーススタディで学ぶ検図の着眼ポイントと設計の改善策

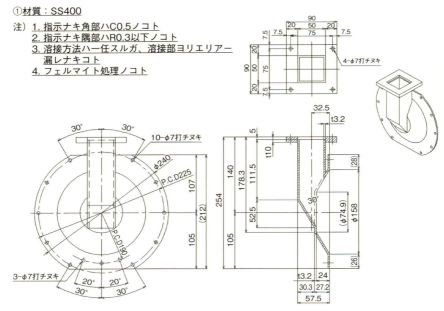

図3.18　3DCADによる再設計

しても立体形状が頭に浮かんできませんが、一見中心の辺りが陣笠のような形状で丸い穴が作れるように思うのですが、どうしても実際の形状図としては十分でないと判断したのが検図の結論です。そこで、イメージしやすく機械加工で作ることも考えたのですがコスト大幅に上がると思うので、3次元CADで再設計し、結果、図3.18のようにしました。

3-2 小型加振機の設計・検図ポイント

　ここでは、小型加振機の企画から生産図面出図までの一連の開発設計プロセスに沿って、必要な検図の着眼点を見て見ましょう。前提として、以下の顧客の求める仕様を確認しておきます。

（ⅰ）　顧客の求める仕様

　1）　振動の元となる直線運動のストローク幅：

　　　最小　10mm、最大　100mm

　また、最小と最大の中間のストローク幅は、いくつかの種類を考えているが、数種類とする。

　2）　直線運動のストローク速度：

　　　最大常用　10Hz＝ストローク10mm

　　　最小常用　1Hz＝ストローク100mm

　　　さらにMAX13Hzまでにしたい。

　3）　ストロークするときの静負荷荷重：

　　　最大常用値　10NT

　　　最小（常用値）　6NT

　4）　共振点：30Hz

　5）　ユーティリティ：AC100V電源

（ⅱ）　顧客の求める機能

　顧客がどのような機能を求めているのか、仕様および仕様添付図から読み取っていきます。

　1）　水平方向についてもストローク運動をさせたい。

　2）　10ストロークと中間ストロークと100ストロークの切り替えを、1台で共有したい。

3) ストロークの切り替えは、人が手で行いたい。
   したがって、交換治具が必要になるかも。
4) 極力、振動のない機械がほしい。
5) 駆動動力は、モータを使い1台を制御して賄いたいが、現実的には無理なので、モータ2台（30Wと50W）を、それぞれ100ストローク用、10ストローク用として交換しながら使いたい。
6) コストダウンを最優先に考えて、2本のストロークガイドだけで機能と性能を満足させたい。

こうした要望を踏まえたうえで、この機械の姿勢安定性のポイントは何か、どのように設計するかかが設計構想で求められていますので、これらの検図をします。なお、水平方向も同一仕様で運転する仕様なので、これも合理的な設計が求められます。

（1） 企画概念図の設計・検図ポイント

図3.19に本小型加振機の企画概念図を示します（拙著「はじめての機械設計」日刊工業新聞社も併せて参照ください）。内部の円盤を回転させることで100mmの振幅を出すようにしています。振幅を100mmにするために円盤の半径50mmの個所に連結板の支点ピンを設けてあります。同様に10mmの振幅を出すために半径5mmに支店ピンを移動できるように設計してあります。

企画段階から繰り返し顧客と摺り合わせを行い、最後は設計者である筆者がアイデアを生み出し、さらにこれまでの経験に照らし合わせて開発を成功させました。ちなみに本加振機は、失敗の恐怖にさいなまれながらも、課題を自力で解決したことで、そのまま契約に持ち込めました。受注に際しては、予想される開発の難易度やリスクに対して、どのくらいの納期と金額で請け負えばよいのかを検討しますが、いったん受注した案件には必ず完成させなければならない責任が伴いますので緊張を強いられます。

さて、機械設計の法則として、次の三つの視点で機械の仕組みを考えていき

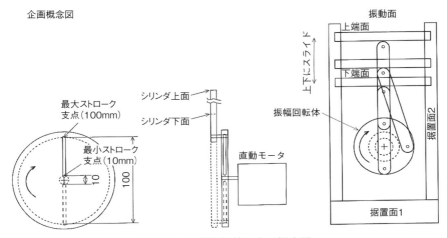

図 3.19　小型加振機の企画概念図

ます。

① 本機特有の機能の特徴
② 機械要素の選択
③ 作動体（アクチュエータ）と原動機（モータ）を用いる駆動方法

この三要素には、設計の要素がすべて含まれています。本加振機の場合、特有の機能は上下にスライドする機能になります。これを実現するためには、仕様書を読み込み、さらに顧客の求めている機能の特徴を摺り合わせながら、設計思想を創造し、アイデアを創出して、設計の立案をし、幾通りもの中から具体的な方向性を取捨選択して、再度顧客や企画営業担当者等の意見も参考にしてようやく決定していきます。

図 3.20 は、本小型加振機のアイソメ図です。技術的思考を働かせながら図を読み込んでください。

1) まず、天板を上下にスライドさせる動作が**本機の特有物**です。仕様書と、顧客の求めている諸機能を目配せしながらそれらを満足する方向性を決めていきます。するとそこに設計思想が出現してきます。
2) スライドの方法から機構の選択や回転駆動に係る**機械要素の選択**を行い

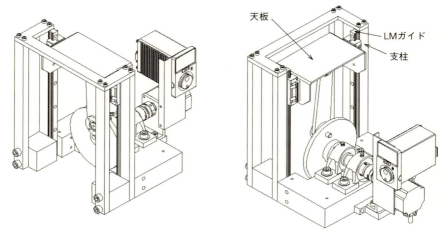

図 3.20　小型加振機のアイソメ図

ます。
3) 駆動方法は、これら 1) 2) を実現しつつ、どんなアクチュエータを使った駆動にするのかを決定します。

図 3.21 は、本加振機の三面図です。本機は、機械の特徴から**メカ設計**により各部の設計を行いますが、そのときに最も重要なことは、機械の姿勢を安定させるための基準土台です。いわゆる基礎やベースや架台について考えなければなりません。本機の場合はベースになります。

（2）ベース、支柱まわりの設計・検図ポイント

図 3.22 は、ベースを土台として安定するサイズと質量にしてあります。このベースを基準に、スライド機能・機構に必要な機械要素を取り付けるための支柱を構築してあります。支柱の構築にあたって重要なことは、強度の確保です。強度が足りなければ、どんなに調整をしても機械の姿勢は安定しませんので、合理的に強度を作り出す方法がノウハウとなります。

図 3.23 は、回転軸を機能させる軸受です。このような軸受部品の図面は、国際的に流通しているグローバル図面となります。

3-2　小型加振機の設計・検図ポイント

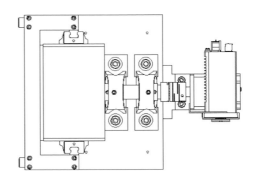

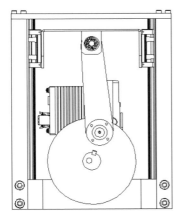
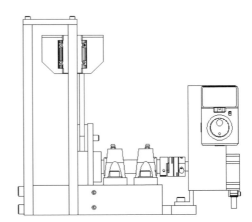

図 3.21　小型加振機の三面図

　図 3.24 は、ベース、支柱、モータの相互の位置や姿勢を規制した図です。ベースの下面が**データム**になります。横倒しにしても機能を維持しなければならない仕様なので、側面直角度や平面の面肌粗さも滑らかになっていなければなりません。そして、設計で重要なノウハウは、縦に立ててある矩形断面の支柱を 2 本にするか 4 本にするかで本機の性能と寿命と使い勝手が決定されるものです、**それらを総合して判断する検図の能力が試されます**。さらに、支柱は、上下にスライドをさせるガイドの性能を活かせるかの、重要な役割として幾何公差で姿勢を規制する必要があります。

85

第3章　ケーススタディで学ぶ検図の着眼ポイントと設計の改善策

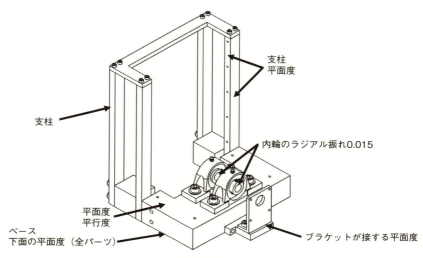

図 3.22　小型加振機のベースと支柱

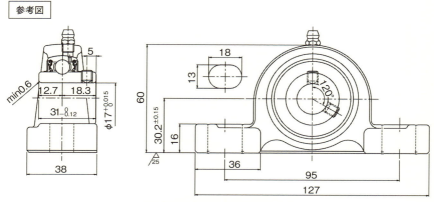

図 3.23　円盤を回転させる回転軸のための軸受部

（3）　回転円盤〜電動機まわりの設計・検図ポイント

図 3.25 は、目的の天板のスライドから始まるポジションが力の発生作用ポイントなので、外力は回転円版で機能させて、その回転力を回転軸で機能させ

86

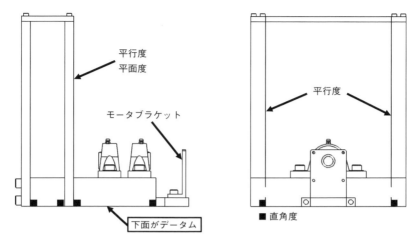

図 3.24　ベース、支柱、モータの位置と姿勢

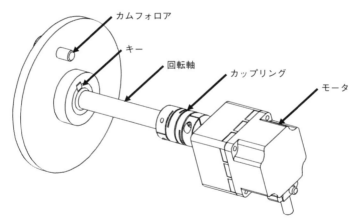

図 3.25　回転円盤、回転軸、電動機まわりの構造

てカップリングを介して電動機に作用力を与えます。

　図 3.26 は、位置や姿勢を規制したパーツ構成です。回転円盤とそれに付属するカムフォロアに対する幾何公差が記載されています。回転軸を駆動するモータからカップリングを介して軸に締結する回転機能の組み合わせデータムになるのは軸ということになります。これらが、姿勢良く精度良く機能するこ

第3章　ケーススタディで学ぶ検図の着眼ポイントと設計の改善策

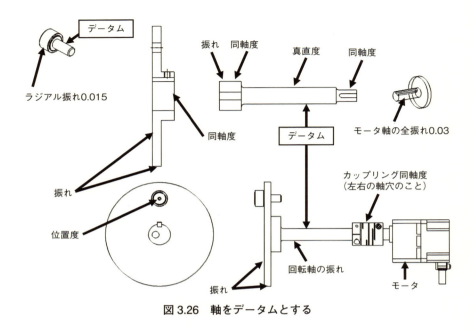

図3.26　軸をデータムとする

とで本機の性能が作り出されます。

　図**3.27**は、天板、連結板、回転円盤まわりの構成です。上下にスライドさせるためのLMガイドに1つのブロックを組み合わせて、このブロックに天板の両側を折り曲げて作った袖に組み付けてつないである重要な所です。天板の下面（下側）には耳を溶接してこれに連結版に連結するピンをベアリングを介してセットする仕組みにしています。

　図**3.28**は、リンク機構を構成する連結板の仕組みです。回転円盤のクランク回転をスムーズに働かせる目的で、上部穴にはベアリングを配置して下部の穴にはカムフォロアを介してその軸部の端に設けられてあるネジで円盤に締結しています。

　図**3.29**は、天板に下向きに溶接されている耳板にピン穴を設けて連結板の上部穴を中心として回転ピンにセットするベアリングです。ベアリングを2個使う構造にして姿勢や構造上の偏りなどを補正します。

3-2 小型加振機の設計・検図ポイント

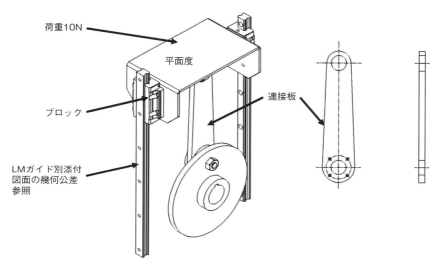

図 3.27 天板、連結板、回転円盤まわりの構成

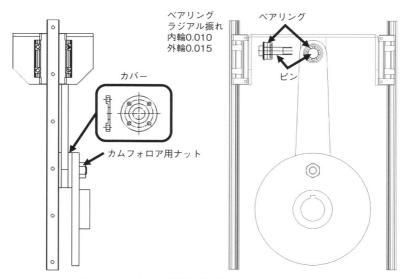

図 3.28 リンク機構を構成する連結板の仕組み

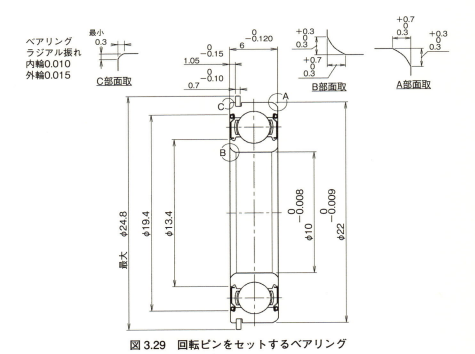

図 3.29　回転ピンをセットするベアリング

　図 3.30 は上下に天板をスライドさせる目的で構造姿勢の安全な運転を保証するための機能要素です。この機械の肝となるパーツです。さらに、このパーツは横に倒して設置した姿勢であっても変わらず安全な水平スライドを保証することになります。

　図 3.31 は、連結板と上部穴用のピンとカムフォロアの両側の円形カバーを載せています。これらの幾何公差の概念を示しています。

　図 3.32 は、左から順に、回転円盤→回転軸→ベアリング2個→カップリング→モータ取付ブラケット→駆動モータを3D図で一連化した絵です。また**図 3.33**、**図 3.34** は、本小型加振機のコネクティングロッド～回転円盤まわりの構成図です。

3-2 小型加振機の設計・検図ポイント

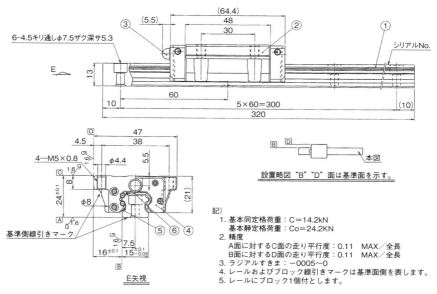

図 3.30 天板をスライドさせるための機能要素

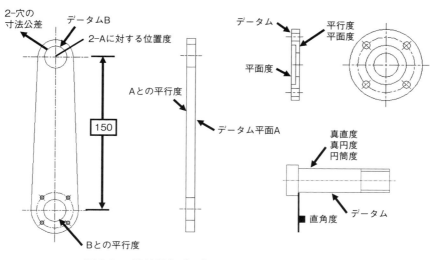

図 3.31 連結板とピンとカムフォロアの位置と姿勢

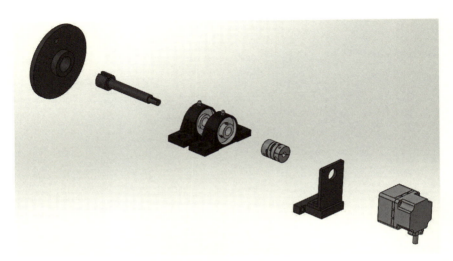

図 3.32　回転円盤〜駆動モータの構成図（3D）

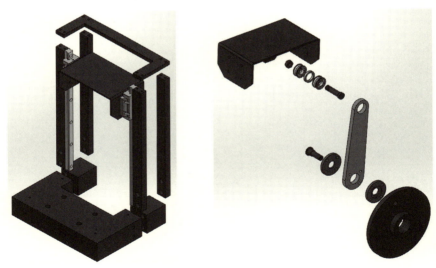

図 3.33　ベース・支柱まわり、および天板〜回転円盤の構成図（3D）

3-2 小型加振機の設計・検図ポイント

図 3.34　連結板〜回転軸の構成図（3D）

第4章

事例で学ぶ
検図の勘どころと改善案の創出

　検図の勘所とは、形状やパーツの組合せではなく外力やモーメント、衝撃荷重や回転からの振動作用といった目には見えない力に対する勘を働かせることです。「性能、寿命、強度、故障に問題はないか？」これを見抜くのが重要です。そのポイントやノウハウを学んでいきましょう。

第4章 事例で学ぶ検図の勘どころと改善案の創出

4-1
剛性・強度の視点からの検図例
―垂直搬送装置の検図

(1) 検図対象

この装置は、図4.1に示すように、水平に流れてくるワーク（ボス付フランジ型）を90°回転させて垂直にしたうえで、上方に搬送するものです。回転させるために、トラニオン型シリンダ（シリンダ径40 mm）を使用し、上下運動させることで支点を軸に回転します。次に、このトラニオンが作用する機構のすべてを、垂直に上下移動させるためにロッドレスシリンダ（シリンダ径40 mm）を使用して400 mm上げるようにしています。この位置と姿勢で次のコンベヤに受け渡す仕組みとなっています。これを検図することにしました。

(2) 設計の読み解きと検図ポイント

図4.1のに示すように、トラニオン型シリンダを使用し、支点ピンを設けて

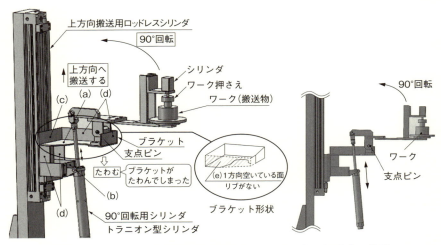

図4.1 ワークを90°回転させて垂直にして上方向に搬送する装置

4-1 剛性・強度の視点からの検図例—垂直搬送装置の検図

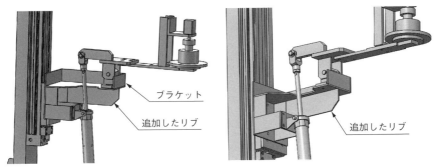

図 4.2 ブラケットの下部にリブを追加

このピンを介して、シリンダで 90°回転させるときの力がアーム状のブラケットにかかるようになっています。

問題は、このアーム形状では、ブラケットに複雑なねじり力や曲げの力などが加わり、ブラケットが曲がったり、ねじれたりすると予想されること。これを防ぐため、底板を設けて対応していますが、シリンダロッドが通るので切り欠く必要があります。当初、仕方なくアームにリブを設けるように設計されていましたが、重量増が課題として指摘されていた。検図により、合理的なリブの配置とサイズが設計されて曲げモーメントを支える断面形数が大幅に向上したので、図 4.2 のように良い設計へと改善できました。

(3) 類似の検図例

前述の垂直搬送装置と同様の事例をもう一例紹介しましょう。

ワーク搬送物のストッパーの設計に検図者は過去の経験から問題ありと判断しました。理由は、(a) 部品の組付けは天板の高い位置にあり、衝撃に弱い構造になっているからです（図 4.3）。

改善後の設計は、強度が構造上必要であるから (a) 部品を補助するための (b) 支え部品で力のバックアップを行うことでワーク搬送物からの衝撃に耐えられる構造に改善しました（図 4.4）。

第4章　事例で学ぶ検図の勘どころと改善案の創出

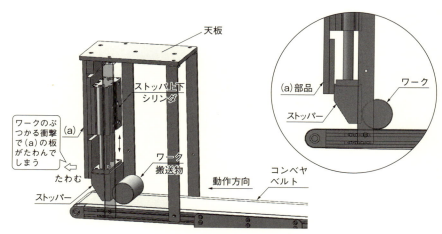

図4.3　ワークのぶつかる衝撃でたわむと検図された設計

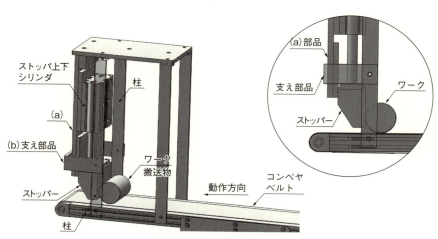

図4.4　衝撃力に耐える構造設計

4–2 機能・性能・安全・寿命の視点からの検図 ―ロータリバルブの検図

(1) 検図対象

ロータリバルブは、粉粒体等の供給や排出を回転機能で自動的に行う機械です。一般的に、ホッパー下、空気輸送中の投入口、サイクロン下、集塵機下の払い出し等、圧力がかかった中の粉粒体等の処理に使用され、圧力を遮断し、所定の処理物を取出します。そのほか、ビンからの定量取り出しや各種粉粒体機器への投入、排出などに幅広く使用されます。本機の特徴は、以下の通りです。

・ブレードは、ゴムブレードタイプで、放射上に8枚保持している
・主な軸シール方式は、グランドパッキンを使用する

本機の組立図を**図 4.5**に示します。

(2) 設計の読み解きと検図ポイント

図 4.6 中の、**破線○**囲みの部分が性能上に関する部分だといえます。ベアリングとはまり合う軸回転の良し悪しが性能に大きく影響するからです。こういう部分は必ず最適な嵌め合い公差が必要ですし、それと同時に面粗度が影響します。**実線○**囲みは機能上重要な寸法を意味します。キーの組込み部分やほかの部品を挿入して組み込んだときにガタがなく、正常に機能するかが検図の着眼点です。さらに、**図 4.7** 中の、**破線○**囲みの部分は、性能、機能両方に関わる部分です。密着度が高ければ回転による摩擦抵抗が大きくなり、動力不足から回転がストップしますし、隙間が大きくなれば内部側と大気側のエアーロックができなくなり、内部の粉体物を下に排出ができなくなり、本機の目的が達成できません。**実線の○**囲みに示す部分で、やはり組込み部分やほかの部品を挿入して組み込んだとき、ガタがなく正常に機能するか否かを検図で見ていき

第4章 事例で学ぶ検図の勘どころと改善案の創出

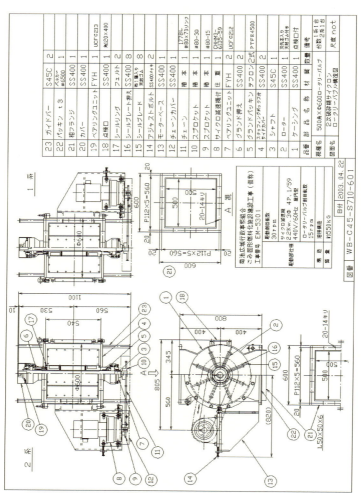

図4.5 ロータリバルブの組立図

4-2 機能・性能・安全・寿命の視点からの検図—ロータリバルブの検図

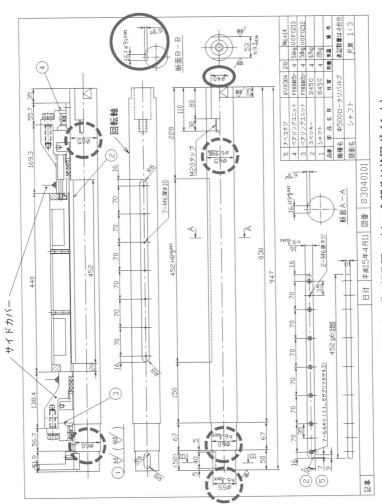

図4.6 ロータリバルブの部品図1（カコミ部分は検図ポイント）

第4章 事例で学ぶ検図の勘どころと改善案の創出

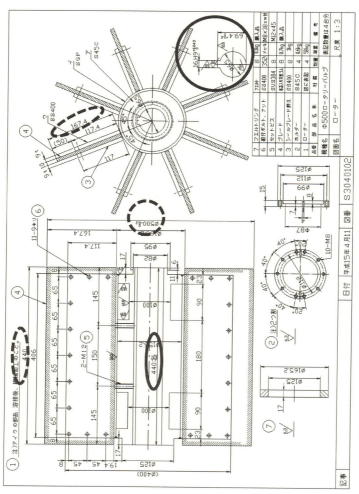

図4.7 ロータリバルブの部品図2（カコミ部分は検図ポイント）組立図番②

4-2 機能・性能・安全・寿命の視点からの検図——ロータリバルブの検図

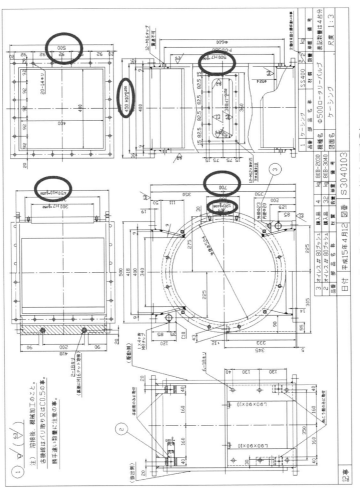

図4.8 ロータリバルブの部品図3（組立図番①）

ます。

　図 4.8 中の、**実線○囲み**の部分が取り合い上に関する部分です。冒頭の題材紹介からして本器の特徴は、相手機器との取り付け形状寸法で設置がなされるものです。だから、機間（高さ寸法）が仕様に合致しているか、取り合い寸法は相手機器との組付け上のことであり、フランジの厚さは強度や相手機器との厚さ統一でデザイン性に影響します。また、穴の位置や寸法や穴サイズは相手と合致していないと、現地で取付けができませんので最も重要なことといえます。なお、**図 4.9** は、機能上の寸法を**実線○囲み**で示してありますので確認してください。

　図 4.10 中の、**実線○囲み**で示している部分が安全上に関する部品だと言えます。軸端部は回転が外に出る部分になるから保護カバーが必要になりますし、もう一つのケーシングの側面には観察窓を設けて、時には内部の羽根などの摩耗状況や内部の摩耗等を目視して機械の安全を確保するためです。カバーを外すときは必ず動力を落として安全に観察します。

　また、本機械は 8 台設置してありますが、数年に一度のメンテナンスを通じて 15 年間の間一度も故障なく使用が続けられています。このことは、仕様企画から生産図面（本設計・図面）により、各部分のバランスの良い機械が完成されたという証明です。8 枚のローターのゴム羽根はグランドパッキン、ベアリングなどは 3 年の寿命にしてあり、ベアリングの交換も 3 年です。チェーンやスプロケット（キー付）の交換は 6 年の寿命で交換するものとしてあります。これは、過去からの設計経験情報が活用されているからできることです。図 4.10 中の部品番号に**四角囲み**しているのが保守（メンテナンス）や寿命上に関する部品です。

4-2 機能・性能・安全・寿命の視点からの検図—ロータリバルブの検図

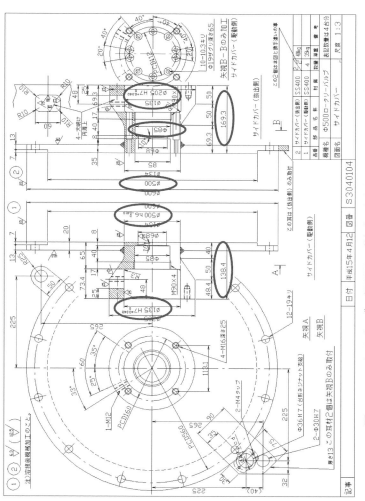

図4.9 ロータリバルブの部品図4（軸受けを支える両サイドカバー）

第4章 事例で学ぶ検図の勘どころと改善案の創出

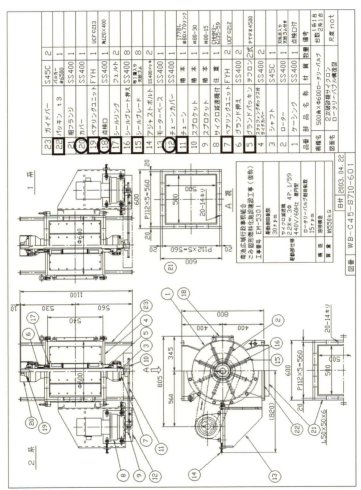

図4.10 ロータリバルブの組立図

4-3
コストと小型化の視点からの検図例
—反応釜の検図

(1) 検図対策

　開発する装置は、大きな反応釜をスイングで傾けて、内容物を排出する装置です。ある顧客から長年使っていたこの装置の更新を依頼された際、装置に組み込む減速機について、顧客から指定されたメーカーの減速機を使うよう指示されました（**図 4.11**）。そこでこれを使って設計したところ、指定の減速機は、従来装置で使っていたそれに比べると減速比が小さいことが判明しました。そのため、そのままでは使用できず、新たにギヤを間に挟むことで減速比を従来のものと同様にする必要が出てきました。しかし、ギヤの増加により、部品数

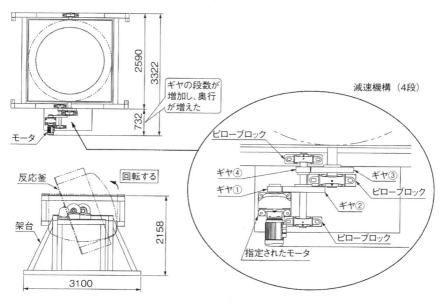

図 4.11　開発装置の概要

第4章　事例で学ぶ検図の勘どころと改善案の創出

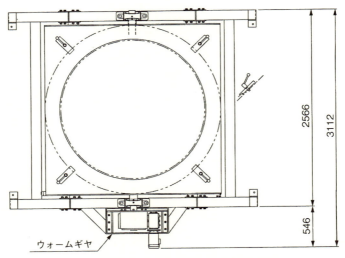

図4.12　ウォームギヤを使った新規装置

が増え、コスト増になってしまったほか、従来より奥行きが増えてしまい、作業スペースがなくなってしまうことがわかりました。

そこで指定メーカー以外の減速機を再調査した結果、別のメーカーのウォームギヤを使う案が浮上しました（図4.12）。ウォームギヤを使用することにより、減速比が従来のものとほぼ同一になり、余分なギヤが必要なくなった分、従来品よりも装置全体をスリム化することができるようになりました。これを採用することにより、部品点数も従来のものより削減し、コストダウンすることができました。また、採用したウォームギヤは、メーカーの納期も早く、ひいてはそれを組み込む装置の短納期化にもつながり、かつ価格も抑えられたことで、納期・コストともに満足できる設計になりました。

（2）　設計の読み解きと検図ポイント

図4.13を見ながら、より詳細な検図の際のポイントについて解説していきます。

①　ピローブロックに止めネジがついていますが、回転をさせる物体の重量

4-3 コストと小型化の視点からの検図例—反応釜の検図

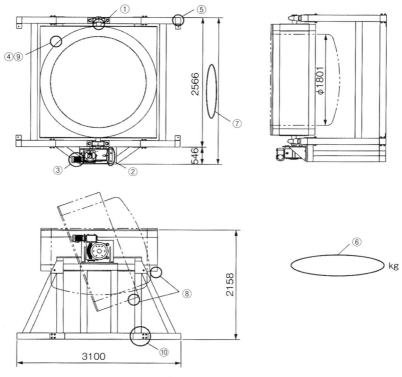

図 4.13　排出装置の検図ポイント

が大きいため、カラーを入れなければ固定しきれないことがわかります。これだと止めネジが機能しなくなる恐れがあります（**図 4.14**）。

② モータの固定用ブラケットを止めるネジの本数が 2 本ずつではバランスが悪いため、3 本ずつにする必要があります。これは力に対する強度だけの問題ではなく、ほかで使用しているボルト数とのバランスをとり、装置を使う作業者の安心感を増すために行います（**図 4.15**）。

③ モータの図面をよく確認せず、幅だけを確認して取り付けたため、天地を見落として実際取り付けると使用できないものになってしまっていました。図面を確認し、再度取り付けられるものに変更をしました。

④ 現物をよく把握していなかったため、回転する機械だというだけしか認

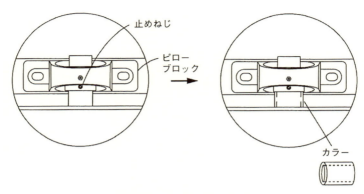

図 4.14　ピローブロック部

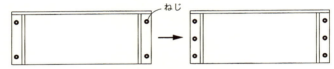

図 4.15　ネジ本数を増やしてバランスをとる

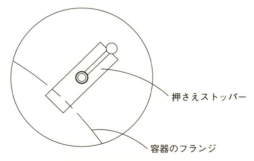

図 4.16　容器滑落防止のためのストッパーをつける

識していませんでした。実際に回転することによって容器が架台から滑り落ちてしまうことを防ぐために、ストッパーが必要になることに配慮が及びませんでした（**図 4.16**）。

⑤　架台は角材を組み合わせて作りますが、角材の端の部分が切りっぱなしになってしまっていました。閉塞板で塞がなければなりませんでした（**図**

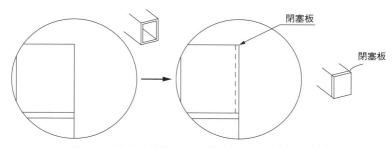

図 4.17　架台に使用する角材の端部を閉塞板で塞ぐ

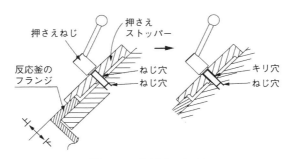

図 4.18　ネジ穴の処理

4.17）。

⑥　重量計算をせずに設計を進めてしまっていました。

⑦　機械の最大形状寸法が一部抜けてしまっていました。

⑧　回転する機械なので角度間（110°）停止の安全のために必ずリミットスイッチをつけなければなりませんでした。

⑨　部品と部品をネジ締結する場合、一つの部品にネジを切ったらもう一つの部品にはネジを切らずに、キリ穴にしなければならなりませんでした（**図 4.18**）。

⑩　装置構成が一体物となっていては、大きすぎてトラックによる運搬ができません。したがって、架台を分解式とし、現地で組み付ける設計にしましたが、以下のような問題がありました（abcは問題設計、dは改良設計）。

　　a　ボルトが多すぎ・現地施工が大変：固定用の板と部材（角パイプ材）

第4章　事例で学ぶ検図の勘どころと改善案の創出

をボルトで固定しますが、固定はできますがボルトの本数が多過ぎました（図4.19）。現地で板を当てての組み付けは、施工が大変なのでNGでした。

b　加工誤差で固定できない：片方の部材の角パイプ材に固定用の板を挟む形で溶接し、もう片方の部材を差込ボルトで固定する方法ですが、図4.20のような架台が大きなものの場合、どうしても実寸法にずれ（製作誤差）が生じてしまいもう片方の架台を板の間に差し込もうとすると2部材間の製作寸法にずれがある分、差込の固定に無理が出てきてしまいます。

c　リンク機構になり片方が固定できない：aと同様に板と架台をボル

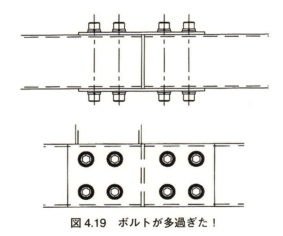

図4.19　ボルトが多過ぎた！

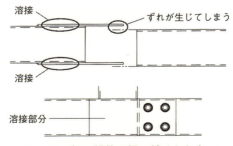

図4.20　加工誤差で組み付けられない

トで固定する施工ですが、ボルト本数を減らしたことでリンク機構となってしまい双方の部材を固定できなくなりました。

d　組み付け・固定が容易になった：bのように固定用の板を溶接しますが、bでは角材に固定用の板を2枚挟むような形だったのに対して、dでは、それぞれの部材の片方のみに固定用の板を溶接し、**図 4.22** のように矢印方向から組み付け施工を行うことができるようになります。このようにすれば、確実な固定と合理的な組み付け施工になります。

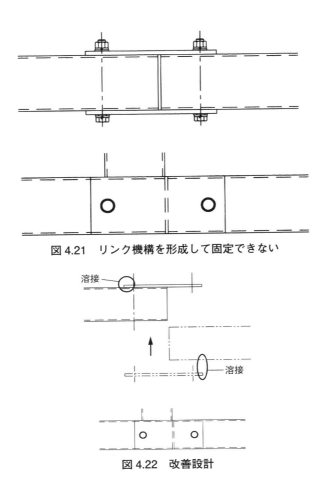

図 4.21　リンク機構を形成して固定できない

図 4.22　改善設計

ポイントと教訓
・依頼先の配置図などの周辺情報をできるだけ詳しくリサーチしておきます。
・部品点数が増えてしまうことによるコスト増も考慮します。
・減速機は、性能以外にもサイズ、納期、価格も確認します。
・設計する前に類似の機械を見て動作や作業工程を確認します。

> **Column ③** 検図力にコスト低減力のアイテムを持とう！
>
> 　コスト低減の手法はデザインの段階からのVA手法を取り入れましょう！価格競争の激化で検図設計プロセスでは、開発設計時の段階からデザインレビューに力を入れることが重要な位置づけとなっています。設計者は目的とする機械の特徴に合った材料の性質、構造上の作り方や加工手法を選択し、それぞれのコストの比較ができるように研究して日々力をつけておく必要があります。

4-4 コンベヤ駆動機構の検図

(1) 検図対象

本事例は、円柱状の加工物（ワーク）を水平方向に搬送するコンベヤです。搬送時のワークの姿勢は水平となります。図 4.23 は、駆動部にモータを用いたコンベヤの組立て三面図です。ベアリングの外形および内径を加工するために、駆動モータからの動力伝達にチェーンを使うため、モータの軸と駆動軸にそれぞれスプロケットを取り付けています。

検図では、ワークの搬送時、搬送出口にワークが詰まって流れなくなった場合、駆動部に過負荷がかかってモータが焼付きを起してしまうことが指摘されました。

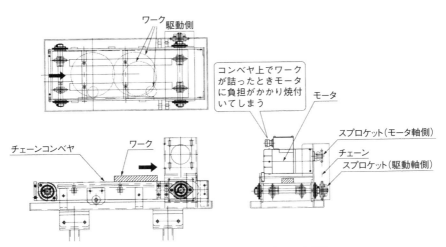

図 4.23　モータ駆動のコンベヤの三面図

（2） 設計の読み解きと検図ポイント

　予想されるトラブルの原因は、モータの回転力を直接駆動軸に伝えているため、コンベヤの流れが悪くなると、それが駆動軸に伝わりモータに過負荷がかかってしまうことによります。このため、駆動軸側のスプロケットにトルクリミッタを取り付けることで、コンベヤから過負荷がある一定範囲を超えた場合に、負荷の遮断できるように設計変更しました（**図 4.24**）。

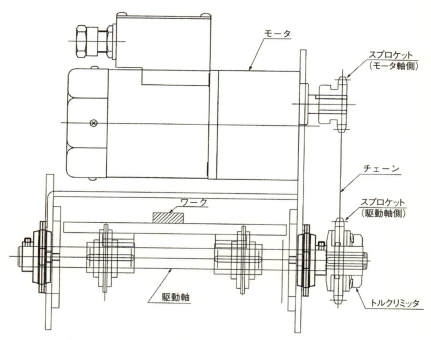

図 4.24　トルクリミッタをつけて、モータの焼付きを防ぐ

4-5 装置の重心バランスの視点からの検図 —コンベヤ装置の検図

（1） 検図の対象とポイント

図 4.25 は、コンベヤを支持する脚です。一見して、重心の位置に問題があることが理解できるのではないでしょうか。このような設計は、足元のベースの端と上部のモータの概略重心位置とを立て線で確認すれば、ほぼ近辺にあり自立ができず転倒するということがわかりますので、改善を要する結論になります。

例えば力Ⓐがコンベヤの上部にかかった場合左に傾き、重心Ⓑになったら機械は倒れます。

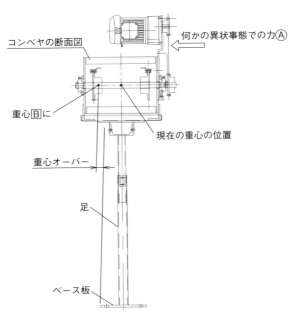

図 4.25　コンベヤと支持脚の重心

4-6 装置の全体バランスの視点からの検図 —バケットリフター反転装置の検図

(1) 検図対象

図 4.26 は、バケットリフター反転装置です。顧客の要求仕様や、使用設置環境の取材、そして仕様には表れづらいさまざまな意見を直接聞くことで開発できた装置です。図の中心にあるバケット容器を左右 2 本柱へ向けて水平に回転軸を出して、斜めに組み付けたトラニオンのエアーシリンダで反転できるようにしています。このバケットは、両側の柱に垂直に組付けられたエアーシリンダ (2 本) のロッド先端に平板 (天板) 締結して上昇させたところで 90°反転させて内容物を投入する装置です。

(2) 設計の読み解きと検図ポイント

図 4.26 (a) は、バケットが最下部の位置にあるときの姿勢図です。図 4.26 (b) は、上部にバケットを上昇させた姿勢図です。図 4.26 (c) は、バケットを 90°反転させた状態です。

この装置の検図で重要なポイントは次の三点です。

① 装置が安定しているか！

図 4.26 (c) の骨組み下部を見ると明らかに不安定です。顧客は、設置場所では移動車輪 (キャスター) には頼らず基礎ボルト (アンカー) を打つというものの、それまでにおける日数でほかの機械と接触事故が起こらないとも限らないので、善良な管理をせよというのは無理がありますから、据付場所でコンベヤなどと接触や干渉する心配がないかを確認して、横だし渡しメンバが左側の下部で梁として形状を安定化するよう指摘しました。右側は、反転したバケットの内容物を受け取る装置が通るので下部面のフロアーは完全開放する必要があることから、これで問題ありません。

4-6 装置の全体バランスの視点からの検図—バケットリフター反転装置の検図

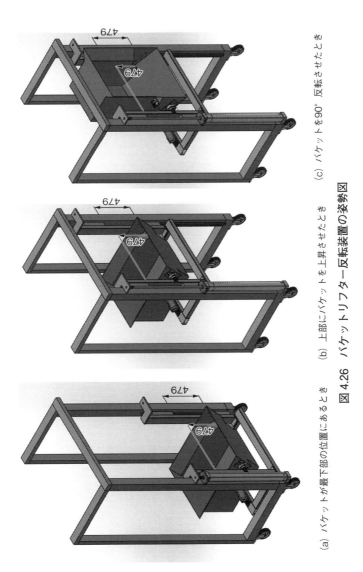

(a) バケットが最下部の位置にあるとき　(b) 上部にバケットを上昇させたとき　(c) バケットを90°反転させたとき

図 4.26 バケットリフター反転装置の姿勢図

② 合理的に強度が設計されてあり、かつ安全な姿勢を保てるか！
これについては、現状で問題ありません。
③ 設計技術の基本通りに設計されているか

特にバケットを上昇させるための構造の考え方が、設計の基本通りになっているかという視点でみると、"できていない"と言わざるを得ません。

例えば、バケットを持ち上げる部材から立ち上がっている柱の内側の上部端の天板に締結してその板の90°の位置にロッド先端を締結していますが、これには大きな問題があります。そこでシリンダの位置を両柱の内側に配置するように指示しました。この場合、天板の同一線上の位置でエアーシリンダ出力が得られるようにしなければなりません。そうしないと、シリンダ力がストレートに機能しないということと、天板をブロック構造にしても力の流れからして、機能上も強度上も悪い設計となるからです。こうして突き詰めていくには、設計的センスと経験が必要となります。一方、反転機能は図4.26（c）からはうまく確認できませんが、極めて合理的に設計がなされていたので問題ありませんでした。

Column ④　ベテラン検図者の設計技術を盗もう！

　ベテラン検図者になると、10年前に設計された図面を見てすぐに気付くことがある。それは作りやすい形状であるか、無駄なサイズによる力の大きさや応力の弱点、必要と思われる精度とコストアイテム（材料適正、加工方法、部品点数を減らす、組立方法等々）を評価する能力が必要だ。ぜひ、その能力を盗もう。

4-7 3DCAE を使った検図例 ―構造梁りのたわみ解析検図

　手計算ではできない複雑な計算が必要なときは、CAE を利用した検図が必要となります。

　図 4.27 は構造梁りで、鉄板を用いて溶接で作ったものです。全長 3800mm、高さ 900mm、奥行き幅 500mm の大きさです。この構造梁りを手計算では、たわみ量を計算できないので、3D 応力解析の検図をしました。結果値は中程のⒶのたわみは最大で 0.10mm、Ⓑのたわみは 0.05mm、C のたわみは 0.01mm でしたので、本機としては良しとしたものです。

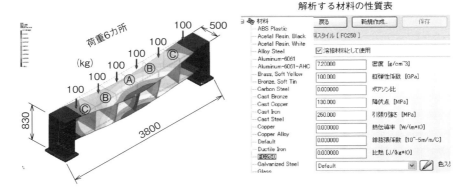

図 4.27　CAE による解析図

第 4 章　事例で学ぶ検図の勘どころと改善案の創出

4-8 寸法記入方法の良否の検図

（1）検図対象

　まず、重要なことは、実際の加工者にとって見やすい**寸法配置**を記入することです。部品の図面は、第三角法で投影していきます（**図 4.28**）。

　図 4.29 は、精密設計のパーツです。寸法として 84 mm のネジ穴位置が求めたい値です。このネジ穴位置で部品を取り付ける位置決めを行う大切な個所です。寸法の取り方で左から決めるのか、右から決めるのかで記入寸法が変わりますが、今回は左から決めます。加工精度、公差で穴位置は変わりますので、穴位置を中心に考えての寸法配置にしました。寸法記入、矢印の入れ方は製作加工を行う人が数字を読みやすいように配慮しましょう。

　図 4.30 は、四角で囲んでいる個所で示す通りアングルは基本角を基準とします。もう一つの四角で囲んでいる寸法記入は PCD と角度の寸法を記入しなさいという検図です。

　図 4.31 は、リブの寸法とザグリ穴の記入方法について検図をしたものです。

　図 4.32 は、寸法記入の補助線を社内ルールで記入するようにしてあります

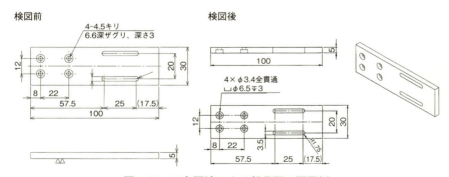

図 4.28　三角図法による部品図の配置例

4-8 寸法記入方法の良否の検図

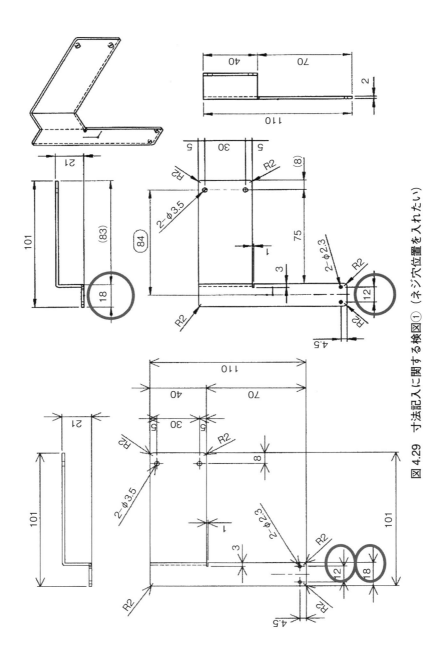

図 4.29 寸法記入に関する検図① (ネジ穴位置を入れたい)

123

第4章 事例で学ぶ検図の勘どころと改善案の創出

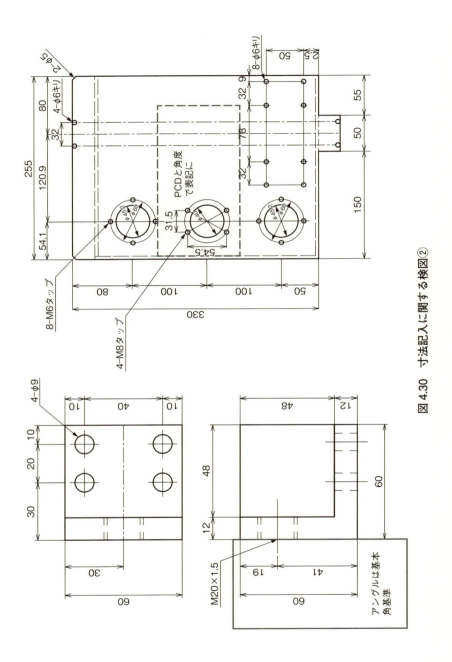

図 4.30 寸法記入に関する検図②

4-8 寸法記入方法の良否の検図

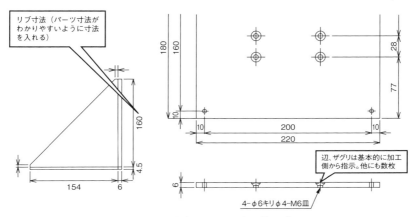

図 4.31　寸法記入に関する検図③

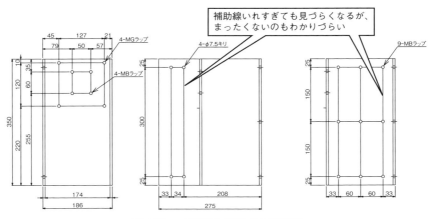

図 4.32　寸法記入に関する検図④

が、一般にはこういう場合の補助線は記入しません。ただし、設計部署のルールは一般の記入方法より優先順位が高いので図のようなこともあります。

　図 4.33 は、L 型ブラケットのネジの穴位置が計画図では、6.6 と 16.4 になっているが、部品図の方は、6.5 と 16.5 で描かれていたので、そのためもう一方のブラケットのネジ穴位置も検図により変更しました。

　図 4.34 は、ピニオンシャフトの製造加工工程検図および面肌記号の検図で

第4章　事例で学ぶ検図の勘どころと改善案の創出

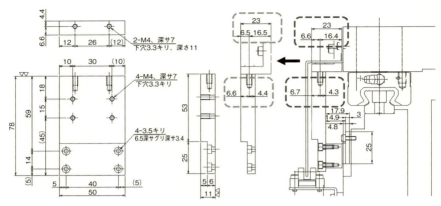

図4.33　寸法記入に関する検図⑤

す。この検図の最大の特徴は右下に囲ってある調質から研磨までの製造工程を記入してあることです。ある例では、調質を描いていなかったためにシャフトが折れたという報告がありました。

4-8 寸法記入方法の良否の検図

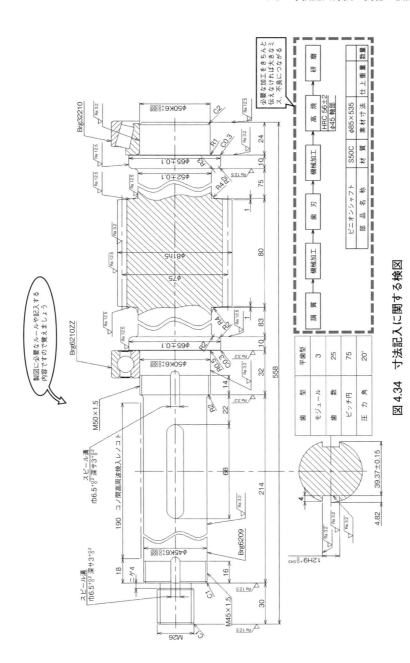

図4.34 寸法記入に関する検図

第5章
検図結果を反映した再設計例

　検図は、品質不良や素性の悪い設計をチェックする仕組みであり最後の砦です。言い換えれば、検図は製品の品質を高めていく、またとない機会なのです。

　本章では、検図による指摘を受けて、その結果、どのようにそれが設計にフィードバックされ、修正が行われたか、ひいては設計がどのようにブラッシュアップされていったかを事例で紹介していきます。

第 5 章　検図結果を反映した再設計例

5-1
圧縮機のクランクシャフトの再設計

（1）　検図の指摘内容と再設計の概要

　ある圧縮機開発において、図 5.3 のクランク機構のクランクシャフトの心振れ（振動）に問題があることが検図により、一番クランクに近く荷重が最もかかるクランクの根の部分が 1 個のベアリングでは強度上プーリ側ベアリングとのバランスが明らかに悪いと指摘されました。検証のため、クランクの回転による心振れの解析を実施し、改善策を検討することになりました。その結果を以下に示します。

①　**図 5.1** は、材質 FC250、回転数 600RPM。このときの軸心の振れは ±0.3
②　**図 5.2** は、材質 FC2D450、600RPM。シングルベアリングでの軸心の振

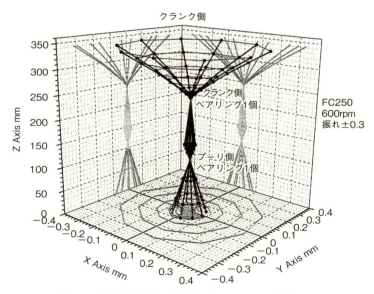

図 5.1　材質 FC250、回転数 600RPM 時の解析表図

5-1 圧縮機のクランクシャフトの再設計

れは±0.2でした（軸受け2個のダブルベアリング時は±0.16）。
③ 上の解析結果を受けて、再設計では、材質を変更し、さらに図5.3のようにダブルベアリングの採用も検討する方針になりました。
④ 解析により、振動の発生は、回転数に関係があり、緒元（仕様）よりも回転数を下げれば振れが小さくなることがわかりました。
⑤ 解析により、材質にも関係していることがわかりました。
⑥ 作図の修正は、クランクシャフトやクランクケースにも及ぶことにもなり、さらに仕様の見直しに及ぶことも考えられます。

図面に幾何公差を付加するにしても、以上のような検討の積み重ねが反映されていなければ意味がありません。

ポイントと教訓

コンプレッサ（圧縮機）は荷重の種類が変動する動荷重であったから、解析しないとわからないということでした。

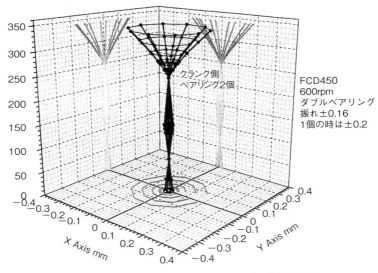

図5.2　材質FC2D450、600RPM時の解析表図

131

第 5 章 検図結果を反映した再設計例

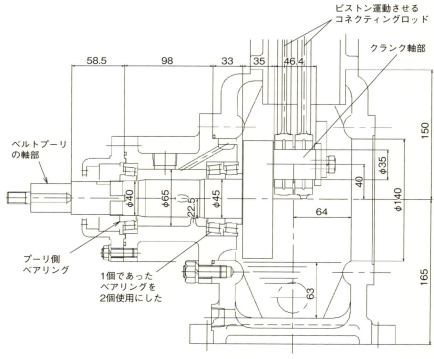

図 5.3 ダブルベアリングの採用

5-2 粉体搬送用コンベヤの再設計

(1) 検図の指摘内容と再設計の概要

本事例は、粉体の製造プラントで使用する特殊なコンベヤです。プラントで製造した粉体を定量ずつ投入口から投入し、この粉体を約60°に傾斜したコンベヤで上方に運び、最終的にドラム缶の中に落とし込んでいきます。コンベヤは、投入口、排出口以外はすべてケースの中に収められています。

搬送の詳しいプロセスは以下の通りです。投入口よりケースの中に投入された紛体は、いったん、ケース下部の底板に貯まります。貯まった粉体は、コンベヤチェーンに等間隔に取り付けられたスクレーパによって定量ずつ掻き取られ、傾斜コンベヤのケース底板と、スクレーバとの間の空間に保持されながら斜め上方へと運ばれ、ケース最上部の、ちょうどドラム缶の真上にあたる位置にあいたケースの穴からドラム缶めがけて重力落下していきます（**図5.4**）。

本装置の検図には、前節4-2で紹介したゴムブレードの摩擦抵抗に関する経験が大いに役立っています。

(ⅰ) 検図前の設計

固定されているステンレス製のケースと、駆動しているスクレーパの間には摩擦があります。設計当初は、スクレーパの材質に金属を使用しようとしていましたが、検図によりステンレス製ケースとの間の大きな摩擦抵抗でコンベヤがストップしてしまうという事態が予想されました（**図5.5**）。

(ⅱ) 検図後の設計

指摘を受けて、試行錯誤のうえ金属製のスクレーパではなくフッ素樹脂（テフロン）を採用することでコンベヤが停止することがなくなりました（**図5.6**）。

採用する樹脂によっては、スクレーパとケースの摩擦が大きくなり、コンベヤがストップする恐れがあります。また、コンベヤのモータのスプロケット部

第5章 検図結果を反映した再設計例

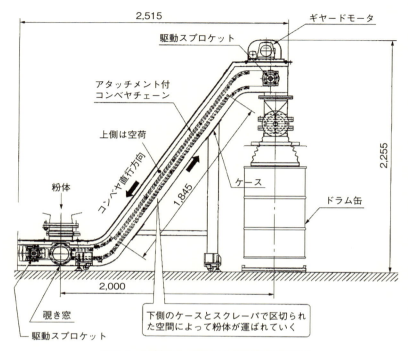

図 5.4　傾斜コンベヤによる粉体搬送装置

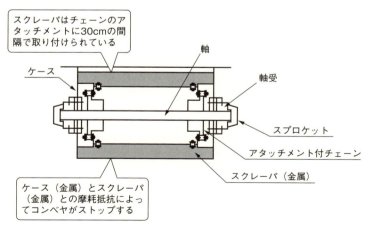

図 5.5　ケースとスクレーパとの間の摩擦でコンベヤがストップする

5-2 粉体搬送用コンベヤの再設計

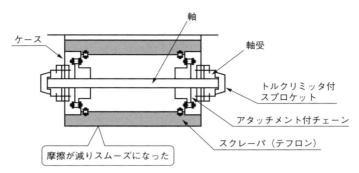

図 5.6 スクレーパの摩擦を小さくし、トルクリミッタを装着してモータを空回りさせる

にトルクリミッタを取り付け、何らかの原因でスクレーパがケース面にひっかかっても、モータが空回りし焼付きなどを起こさない仕組みとしました。トルクリミッタは比較的多用する装置なので、詳細については図 4.15 も併せて参照してください。

> **Column ⑤** 開発した機械ユニットは自分で仮組立しよう!
> 　自分が設計し自己検図をした図面で加工されたパーツや購入パーツ、その数量を元に、設計した組立の手順を頭に入れておき、そこから手作業と工具を用いて仮組立を行うと、組立図面通りに組みあがるかが良く確認できます。これが本当の自己デザインレビューですね。ここから、設計では想像していなかった事が明らかになり、その話を仲間にして設計の糧を増し共有しましょう。

第 5 章　検図結果を反映した再設計例

5-3 生ゴミ攪拌機の再設計

（1） 検図の指摘内容と再設計の概要

図 5.7 は、容器に入れられた生ゴミをかき混ぜるための攪拌機です。回転軸の外周に沿って放射状に取り付けたアームの先端のパドルを回転させることで容器内の生ごみをかき混ぜます。回転動力にはモータを使用し、歯車Ⓐ（モータ側）から歯車Ⓑ（回転軸側）へ動力を伝達させていきます。この際、回転スピードを抑えるため歯車Ⓑを大きくしています。

歯車から動力を回転軸に伝えるため軸受ユニット（ベアリング）を付けて回転軸のスラスト方向を固定しています。また図中❶のようにパドルの向きを変え、かき混ぜる角度を変えることにより、パドルにかかる力が軽減できる設計にしています。

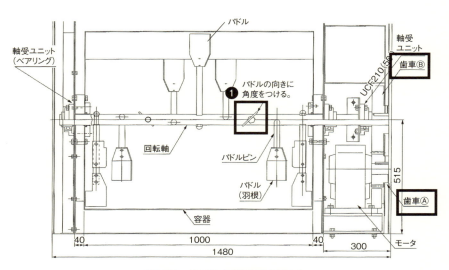

図 5.7　生ごみ攪拌機の組立図

この設計で注意をしなくてはならないのは、アーム状になっているパドル軸の根元です。根元には、最大の曲げモーメントとねじりモーメントとせん断力が働くので大変危険な個所と言えます。回転軸との締結には最大限の注意が必要です。検図はこの部分を中心に着目していきます。管の回転軸に穴をあけパドルピンを差し込み固定用ナットで回転軸に締結しています。パドルの根元は段付きピンになっていて先端にネジを加工しています。

(ⅰ) 検図前の設計

回転軸に穴をあけ、パドルピンを差込み、固定用ナットで抑えています。パドルピンには段を設け、先端にネジを加工しています。これにより回転軸を挟むように固定している。検図では、このパドルピンに攪拌する力が加わりピンが折れるという判断が下されました。その理由は、回転軸とパドルピンは面で接触していない（右断面図）のでせっかく段をつけても受け止める半径距離が0になるからです（**図** 5.8）。

(ⅱ) 検図後の改善設計①

図 5.9のように、検図の結果を反映させて軸（パイプ）に平面を設ける設計にしました。

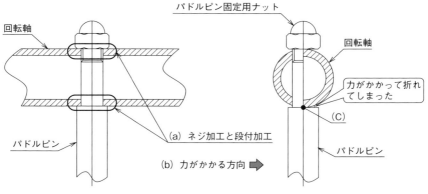

図 5.8　パドルピンに掛かる力

(ⅲ)　検図後の改善設計②

図 5.10 のように、検図の結果を反映させて軸（パイプ）ボスを溶接しボス面と段付ピンの面が平面で接触するので折れないものになる。

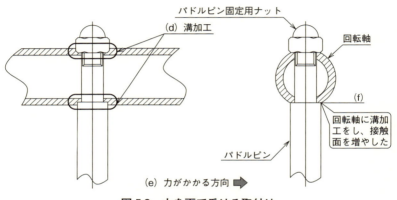

図 5.9　力を面で受ける取付け

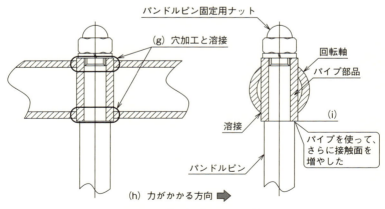

図 5.10　ボスを利用した取付け

図 5.11 は、今までとは何倍もの力がパドルに加わるような大形の場合には、羽根の根本面（a）に直接荷重がかかる設計にします。

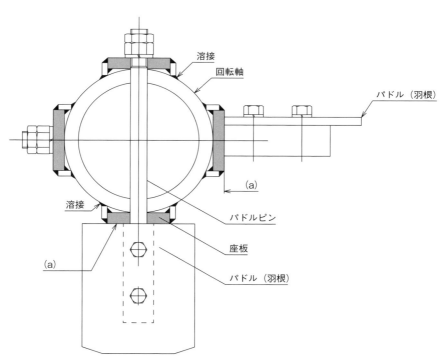

図 5.11 パドルの根元が広い座面と接するよう大幅な設計変更

5-4 ボールネジによる位置決め装置の再設計

(1) 検図の指摘内容と再設計の概要

図 5.12 に示すようにボールネジを利用し、ボールネジのナットに取り付けたテーブルをある位置から特定の位置に移動させる送り装置を設計しました。ボールネジの軸の両端をベアリングを介して固定し、ボールネジのナットに移動させたい部品を固定します。ボールネジを回転させることで、ボールネジのナットに取り付けた部品が移動する機構です。検図で位置決めピンの選択を指摘しました。

(ⅰ) 検図前の設計

図 5.13 に示すように、ボールネジの軸を固定する際に、基準となる部品の

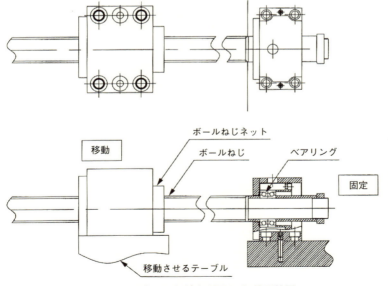

図 5.12　ボールネジを利用した送り装置

5-4　ボールネジによる位置決め装置の再設計

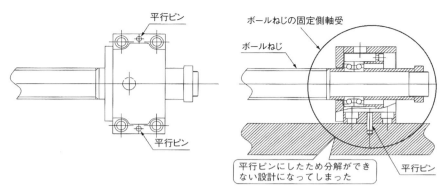

図 5.13　平行ピンを使ったため分解できない設計になった

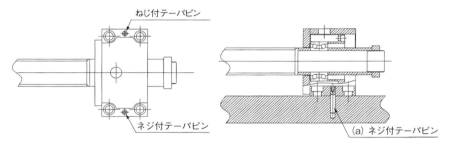

図 5.14　テーパピンを使うことで取り外ししやすくした

位置決めに使用される位置決めピンにテーパピンを使うべきところを、平行ピンを使ったために分解できない設計になってしまいました。

（ⅱ）　検図後の設計

　平行ピンでは、**はめ合い交差**により、取り外しが困難になります。このため図のようにネジ付テーパピンを使用することにより、テーパピンの外形が斜め（テーパ）になっているので、少し引くことで取り付ける利点があり、部品の取り外しが容易になりました（**図 5.14**）。

（3）　よくある類似の設計

　図 5.15 のような金型部品で図中①と②から上側の部品はロケーションピンで位置決めしています（ロケーションピンは、テーパピンや平行ピンより精度

第5章　検図結果を反映した再設計例

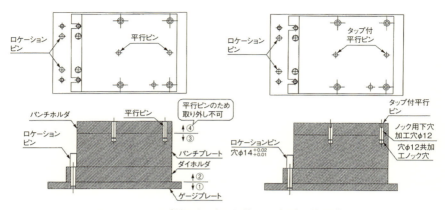

図5.15　タップ付平行ピンを使った金型の位置決め

がゆるい)。これにより、②から上の部品を取り外しても現状復帰ができます。しかし、図中の③と④は、平行ピンで位置決めしている。そのため、③と④の部品の取り外しができなくなってしまいました。ロケーションピンは、ピンの外周に製品などを当て、位置決めをすることが多くあります。溶接治具や単発金具、検査治具、プレス機（型段取り）などでよく用います。

そこで図5.15のようにタップ付平行ピンを用いることで、取り外しができるようにしました。なお、この場合タップ付平行ピンにはせん断応力がすべてかかります。

> **ポイントと教訓**
> ・位置決めピンは多種類あるのでいつも同じものでなく、用途に応じて使い分けます。
> ・位置決めピンの数は多ければいいというわけではないので、最小限必要な数をつけます。
> ・部品の構成により、位置決めピンにせん断応力がすべてかかるので強度にも注意します。
> ・機械や治具の組立調整後に、位置決めピン加工して、使用後またメンテナンス等で分解して、その位置決めピンで再現し組み立てますが、その

精度が100分の1mmより精度がいるならテーパピン。10分の1mm程度なら、ストレートピンやロールピン（C形状のバネピン）が良いのではと思います。必要な精度とコストを勘案して使い分けします。テーパピンの方が価格や工具の価格が高い筈です。

Column ⑥　各種ピンとその性質

■テーパピン

テーパピンでは、テーパ部によって確実な位置決めが得られます。ただし、貫通穴にしないと抜きとることができません。ピン穴はテーパリーマ加工が必要となります。タップ付やボルト加工がしてあるノックボルトなどにあり、貫通できないテーパ穴でも容易に外すことができるものがあります。

以下にテーパピンと平行ピンの用途の違いを示します。
- 組立調整後に穴を開けるのがテーパピン
- 部品加工時に穴を開けるのが平行ピン
- テーパピンのメリット：抜けにくい。分解再組立後の精度が高い
- 平行ピンのメリット：組立時の調整が不要

■割りピン

割りピンは、ボルト・ナットを締め込んだ位置にあらかじめピン穴をあけておき、ボルト・ナットを貫通する割りピンを挿入し、割りピンの2本の脚を割って使用するので割りピンという名前がついたものです（図5.16）。

割りピン使用目的は、ナットなどの抜け止めです。ボルト・ナットをいくら確実に締めても、ゆるみが発生しやすい下記のような場所で用います。
- 断続的に振動のある部分
- 断続的に力がかかる部分
- 温度差が激しい部分

また、整備性においても、目視で割りピンの挿入が確認できればナットのゆるみ、脱落する恐れがないことを確認できるため、高所や狭い小さい箇所への使用にも適しています。割りピンは、安価で確実な保安部品の代表的なものといえます。

■スプリングピン

スプリングピンは、薄板を円筒上に巻いて切り口を設けたものです。これをピンの外形よりわずかに小さい穴径に挿入（圧入）することによって、穴の周辺に内圧（ピンが広がろうとする力）が作用しピンが抜け出さないようにします（図5.17）。スプリングピンのメリットは、中実ピンに比べて中空であるため重量軽減を図ることができる点と、位置決め、回転防止抜け止めなどに使用されている点です。

第5章　検図結果を反映した再設計例

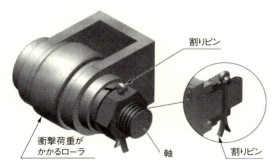

図 5.16　割りピンの役割

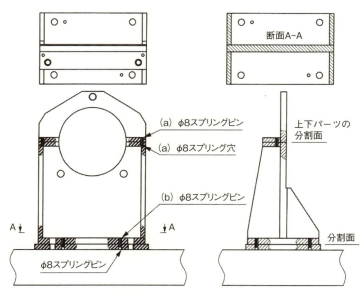

図 5.17　スプリングピンによる固定

第6章
検図を効果的・効率的に進めるためのポイント

　設計者であれば、すべては図面できちんと表現するというのが基本です。正しい根拠に基づき、スッキリと余すところなく意図を伝える図面であれば、検図はさほど難しくないのかもしれません。その意味では、検図と設計は表裏一体です。検図からの指摘を介して、設計者の設計力が養われる、その良サイクルを回すことで、検図の効率や精度が高まってくるはずです。その第一歩として、両者がきちんとコミュニケーションを取って、お互いにリスペクトをしながら仕事をすることが重要です。

6-1
他人の図面は読み解くのがたいへんだ

　設計者は、与えられた条件を踏まえたうえで、より良いものを設計したいと思っているはずです。その作業は、まさにプライドをかけたものです。完成した製品の売上げについても、業界のトップを目指しているはずです。
一人前の設計者は、そのバックボーンに、頭の回転の良さや、実際に自分が関わってきたものづくりの経験、またこれまで見聞してきたさまざまな情報を重ね合わせたうえで、最適な機能と形状を導き出します。

　このように設計の成果である図面には、設計者のさまざまな配慮や意図が盛られています。したがって、検図、すなわち他人が描いた設計図面を読み解き評価する作業は容易なことではありません。また、検図が済んだからといって、実際のものづくりで問題がないとも限りません。

　検図者は、設計者の考えを聞き、修正や更新の指示をし、時には根本的な見直しを迫らなければならないことも多々あります。それは、設計とは元来、誰もわからない未知な要素を明らかにしながら進めなければならない作業だからです。設計者が個人的な思い入れから自らの設計に固執したり、プライドから我を通し過ぎたりすれば、検図者との協議は嫌悪な空気にもなりかねません。時には、検図する方と、される方とで、どちらが優秀な設計知識や設計思想を持っているかといった不毛な口論にまで発展することもあります。

　設計者・検図者は双方、常にクールな頭をもって、目標を一つに据えてことにあたらなければなりません。お互いの信頼のもとで、製品をより良くするには、どちらが案を出してもよいというスタンスが大切です。開発を効率的に進めるには、ものづくり経験や過去の設計例等をもとにした知識や知恵は、たくさんあればあるに越したことはないわけですから。

6-2 検図にはどのくらいの時間が必要か

　いかに短時間で検図できるかは、検図者がその経験や実績に基づく引き出しをどのくらい有しているかによって決まります。もちろん、図面サイズや尺度、内容の複雑さ、さらにはデイリーなものかそうでないのか、新規性の度合いに大きく関わってきます。場合によっては、節目の検図とは別に頻繁にミニ検図を積み重ねることが効果的な場合もあります。

　筆者のセミナーの参加者に検図時間のアンケートをとったところ次のような回答がありました。

Q. 必要十分な検図とは？

A. 3人で行って30〜60分／回（1図面当たり）で、かつ2〜3回/図面

　これ以下の検図時間では、やや不十分で、さらに短時間ではまったく不十分であるという回答が多く出されました。設計作業の特徴は、与えられた設計要件に対して、頭の中にある幾何図象と形状や工学的な知識を利用して具体化し、その機構・構造を言葉で表現することです。作ろうとする対象を言葉で表現できればおよそ概念はできあがったようなものですが、経験がないとなかなかそうはいきません。図面品質を向上させるためには、たとえ設計の途中であっても設計者が検図者にメールで図面を送ってチェックしてもらうことです。マメに自己検図を実施することで、結果的に検図者の検図時間も短縮されるからです。

　なお、検図で発見したミスは、数の多いミスから順に、

　　①寸法ミス、②取合い寸法ミス、③図形不十分ミス、④設計ミス、⑤干渉ミス、⑥加工に関するミス

となっています。これらについては検図者との間でどんな検図のやり方をしておくべきか、確認しておくべき事柄ではないでしょうか。

6-3 チェックリストを用いて効果的な検図をしよう

　漏れのない検図をするためのチェックリストの一例を紹介しましょう（図6.1）。検図の目的ごとに図面を整理し、すべての図面に対して検図漏れのないようにチェックをしていきます。

項目	チェックの内容	組立図番													
		1	2	3	4	5	6	7	8	9	10	11	12	13	14
よりコスト安	前回不良対策	✓													
	構造取付　ボルトピッチサイズ	✓													
	材質・加工	✓													
	工事の期間	✓													
	在庫品使用	✓													
材料定尺	材質	✓													
	板厚×巾×長	✓													
	径×長	✓													
加工できるか	大きさ	✓													
	ニゲ等・エンドミルR	✓													
	溶接（材料）	✓													
	合せ加工（相手）	✓													
	勝手に注意	✓													
穴明け	吊り（処理用）	✓													
	電気（ケーブル通し）	✓													
	エアー（抜）（チューブ）	✓													
	ガス抜き（φ10）Uボルト	✓													
積算務	部品手配の重複	✓													
	品番品名	✓													
	材質処理	✓													
	数量（勝手）	✓													

図6.1　検図チェックリスト

6-3 チェックリストを用いて効果的な検図をしよう

項目	チェックの内容	組立図番													
		1	2	3	4	5	6	7	8	9	10	11	12	13	14
部品図	面取・仕上	✓													
	全台数	✓													
	氏名・尺度	✓													
	装置名	✓													
ブラケット	コンデンサー・コンセント	✓													
	制御盤等電気部品	✓													
	LS（カバー付）	✓													
	SOLV	✓													
エアー機器	シリンダー（取付　ナット付）	✓													
	スピコン・ストップバルブ	✓													
	ハイカン等	✓													
カバー	プーリー・チェーン	✓													
	駆動部等	✓													
	ノゾキ窓・ハイキダクト	✓													
	給油・ドレン	✓													
	スプロケット間/チェーンピッチ	✓													
	回り止め	✓													
	ずれ止め・押しネジ	✓													
納期	先発手段	✓													
	工事の立場にて	✓													
よりコスト安	機構	✓													
	加工・センター振り分け	✓													
	材質	✓													
	工事	✓													
	在庫品使用	✓													
	組立時取付寸法	✓													

「✓」点でチェックを入れる

第6章 検図を効果的・効率的に進めるためのポイント

6-4 リストを取り交し、発注者設計仕様と納入会社との確認を行う

図6.2は、顧客と製造者が作ろうとする物の仕様を、確認し合うためのリストです。双方が意見を出し合い、目的に適ったものを作るために重要なリストです。受発注の内容で行き違いのないようすべての項目をリストアップします。

発注者と納入メーカーBとの仕表値の確認です　　　←は左と同じ

項目			発注者の計画仕様	納入メーカーBの解答
				ロータリフィーダー
機器番号			810	←
型式			300 A	←
数量		基	1 基	←
搬送物				←
能力	定格	t/h	0.3〜30	←
	常用 Max.	t/h	30	←
運転圧力		kPa	大気圧	←
運転温度		℃	80	←
寸法			メーカーに一存	OK
口径		mm	300 A JIS5K	300 A
面間		mm	*700	750
ロータ径		mm	*φ500	φ500
ロータ幅		mm	*360	250
羽根枚数			*8	←
ロータ軸	羽根取付部	mm	φ*	φ70
	軸受部	mm	φ*	φ60
ロータ形式			ダブルヘリカル、サイドプレート付	←
ロータ容積		L/rev	*84.7	72.5
回転数	定格	min-1	*1.23（6 Hz）、12.3（60 Hz）、Max. 15	***（**Hz）
	常用 Max.	min-1	*12.3（60 Hz）	14.6

図6.2　仕様確認書

6-4 リストを取り交し、発注者設計仕様と納入会社との確認を行う

項目			発注者の計画仕様	納入メーカーBの解答
回転方向			*駆動側から見て反時計回り	←
容積効率（トラフ充満率）η		%	*80（Max. 90）	80%
容積容量		m³/h	*50（60 Hz、η=80 %）	50.8
駆動方式			*チェーン駆動 （チェーン駆動または直結）	←
チェーン型番			*RS80×1 列	#80
駆動スプロケット モータ側/負荷側			*NT17/NT34	15:26
電動機	台数	台	1	←
	出力	kW×P	*2.2×4P	←
	減速比		*1/71	1/71
	出力軸回転数		24.6	***（6 Hz）～***（60 Hz）
	電圧	V	AC400 V×60 Hz（INV）×3Φ	INV. なので 60 Hz とすること
	定格電流	A	*	
制御方法			VVVF、可逆寸動	手動、可逆寸動可能スイッチ付
操作方法			遠隔自動及び現場手動	制御装置不含み
稼働時間		hr	8000 時間/(24 時間/日×330 日/年)	←
軸受 型番	駆動部		*カバー付	←
	従動側		*閉止カバー付	←
材質 板厚	ケーシング		SS400 Min. t16	SS400
	サイドカバー		SS400 Min. t16	SS400
	ロータ羽根		SS400 Min. t9	SS400
	ロータ内コーナーR		―	―
	羽根先端硬化肉盛		HF350	←
	軸		S45C	←
付属品			―	
塗装仕様			1種ケレン、エポキシ＋ポリウレタン系耐塩害塗装	←
据付重量		kg/基	*	
特記事項			羽根先端硬化肉盛は搬送面側に 20 mm, 裏面に 10 mm 幅とし、コの字とする	←
構造のつくり方の規制			軸とローターの固定はボスキー構造とすること、溶接は不可とする。	←

＊印は目安値

6-5 最良な検図解を得るための鉄則

本書のまとめとして、検図で最も効果的な解を得るために重要な事柄を以下にまとめました。

鉄則1　声を出して検図する

チェックリストは音読で読み上げるようにします。指差喚呼のように、間違いがなく、より検図に集中できるやり方をとります。

鉄則2　3次元CADを上手に使う

3次元CADのオペレーション時には、画面上で立体をダイレクトに操作し、短時間で構造的、材料的な検証ができるという機能を持っています。複雑な内部構造や、断面形状を持つ物の組み付けや部品同士の関係性の検図等、物によっては画面上で検図を実施したほうが、効率的で間違いがないものもあります。

鉄則3　自己検図を疎かにしない

設計者は、常に自己検図をかけていくクセをつけましょう。検図者による検図だけでは、ミスは防げません。人まかせにせず、自分の設計に責任を持つことが大切です。それがひいては図面の質・設計の質を高めることにつながります。

鉄則4　小さい指摘を後回しにしない

図面の指摘忘れ防止には、小さいことをまずアップしておくことです、修正するにしても小さいことは後回しにして忘れがちです。例えばベアリング1

個、皿ビス1個、ワッシャー1個であっても足りなければ仕様から外れることになります。大きいことは、忘れることなどありませんので後回しにしても問題ありません。ただし、仕事は重要で難しいことから取りかかり片づけていくことが重要です。

鉄則5　設計者は謙虚に検図を受けるべし

　検図を受ける設計者は、検図者から重要な技術情報を数多く学ぶので敬意を払って検図をありがたく受けたいものです。それが設計力を高めることにつながります。

おわりに

　同一機種やそのバリエーションの設計を長期間にわたり、ものづくりを続けてきた企業では、これまできちんとした検図のチャンスがほとんどなかったといった企業も多くあるのではないでしょうか。そのような企業の設計部署では、検図の仕方や考え方がわからない、あるいは検図そのものの存在意義さえわからず、退屈な作業に見えてくるかも知れません。しかし、時代は大きく動いています。いつまで同一機種を作っていられるとも限りません。そのときになって、検図力（すなわち設計力）の不足を嘆くようなことがないようにしたいものです。

　本書に掲載したチェックリストを参考にしながら、ご自身なりのリストを作成し、今一度設計の根拠を積み上げていくよう努力をしていただければ幸いです。

索　引

【欧数】

2次元図を3Dで検図 ………… 44
3Dプリンター ………………… 16
3次元CAD …………………… 16
CAD …………………………… 36

【あ行】

曖昧さの是正 ………………… 13
圧縮機 ………………………… 130
一般機械 ……………………… 52
ウォームギヤ ………………… 108
動き …………………………… 40
運動速度 ……………………… 39
エアーシリンダ ……………… 118

【か行】

回転円盤 ……………………… 88
概念設計 ……………… 14, 26, 37, 38
外力 …………………………… 39
撹拌機 ………………………… 136
加工 ……………………………… 43, 53
加工誤差 ……………………… 110
加工に関するミス …………… 147
仮組立 ………………………… 47

干渉 …………………………… 57
干渉ミス ……………………… 147
慣性力 ………………………… 39
簡素化 ………………………… 45
規格 …………………………… 56
企画概念図 …………………… 82
企画仕様 ……………………… 14, 36
幾何公差 ……………………… 29, 48
機間（高さ寸法） …………… 104
技術的確度 …………………… 46
強度・性能計算 ……………… 51
組合せ寸法 …………………… 56
組立図 ………………………… 47
組付時の基準 ………………… 68
クランク ……………………… 130
計画詳細設計 ………………… 14, 39
計画設計 ……………………… 37
結合 …………………………… 45
検図 …………………………… 152
検図精度 ……………………… 3
検図対象項目 ………………… 18
検図マイスター ……………… 23
検図力 ………………………… 2, 12
減速機 ………………………… 107
交換 …………………………… 45
交換技術確認表 ……………… 27
構想設計 ……………… 14, 26, 37, 39

155

索　引

構造梁り ……………………………… 121
小型加振機 …………………………… 81
コスト ………………………………… 112
コストダウン ………………………… 45
コミュニケーションツール ………… 46
コンベヤ ……………………… 113, 117, 133

【さ行】

ザグリ穴 ……………………………… 122
自己検図 …………………………… 2, 12
支柱まわり …………………………… 84
仕様技術表 …………………………… 58
衝撃 …………………………………… 97
詳細設計 ……………………………… 37
仕様書 ………………………………… 38
垂直搬送装置 ………………………… 96
スクレーパ …………………………… 133
図形寸法 ……………………………… 48
図形不十分ミス ……………………… 147
スパナ掛けの平取 …………………… 69
スプリングピン ……………………… 143
スプロケット ………………………… 113
図面 …………………………………… 46
図面の記述ミス防止 ………………… 13
図面品質 …………………………… 19, 23
寸法記入 ……………………………… 44
寸法公差 ……………………………… 49
寸法配置 ……………………………… 122
寸法ミス ……………………………… 147
寸法漏れ ……………………………… 49

生産図面 …………………………… 14, 40
製図のミス …………………………… 48
設計企画 ……………………………… 25
設計思想 …………………………… 3, 12
設計者 ………………………………… 4
設計の方向性 ………………………… 12
設計のミス ………………………… 48, 147
設計のミス防止 ……………………… 13
設計プロセス ………………………… 23
設計力 ………………………………… 12

【た行】

たわみ ………………………………… 121
チェックリスト …………………… 25, 148
テーパピン …………………………… 141
テスト ………………………………… 16
電動機まわり ………………………… 88
動作テスト …………………………… 28
取合い寸法ミス ……………………… 147
取り合い部分の位置 ………………… 40
トルクリミッタ …………………… 116, 135

【な行】

内壁部の肉厚 ………………………… 69
ノウハウ技術 ………………………… 50

【は行】

排除 …………………………………… 45

| バケットリフター反転装置 ………… 118
| はめ合い公差 …………………………… 29
| 反応釜 …………………………………… 107
| 歪み ………………………………………… 43
| ピニオンシャフト …………………… 125
| 表面処理 ………………………………… 43
| プーリ …………………………………… 66
| 部品図 ……………………………… 42, 48
| 粉砕機 …………………………………… 66
| 粉体 ……………………………………… 133
| ベアリング …… 66, 113, 130, 136, 140
| 平行ピン ………………………………… 141
| ベース …………………………………… 84
| ボールネジ …………………………… 140

【ま行】

メカ設計 ………………………………… 84

面肌の滑らか度 ………………………… 29
モータ …………………………… 113, 117

【ら行】

リスク …………………………………… 4
リブ ……………………………………… 122
リンク機構 ……………………………… 28
ロータリバルブ ………………………… 99
ロケーションピン …………………… 141

【わ行】

割りピン ………………………………… 143

著者略歴

岡村　大（おかむら　はじめ）
1961 年　高知県立幡多農業高等学校卒業
1963 年　工学院大学専修学校機械科卒業（夜間 2 ヶ年）、其の後も同大学で工学を聴講生で学びその後 1980 年〜2002 年の内で 20 年間を母校・専門学校で機械設計や CAD の非常勤講師を務め、2002 年〜2005 年には同・工学院大学評議員となる。
1961 年　㈱協伸製作所　設計課配属（日立製作所の圧縮機関係）その後 2 メーカーでは機械（研究実験）開発設計とエンジニアリング経営を経験する。
1988 年　設計テックス有限会社設立　経営と製品装置の設計で現在に至り継続中、現在特許取得すみ 3 件、と 1 件の特許出願中。
1999 年　設計技術者向けセミナー講師　日刊工業新聞社主催
2002 年〜2009 年　機械設計技術者試験 1 級、2 級の応用・総合と機械製図の講師、2003 年〜2005 年　社団法人日本食品機械工業会・機械設計部門講師や、基礎製図や 3 次元 CAD の非常勤講師、東京都・機械設計の非常勤講師
現　在　設計テックス㈲代表取締役　品川区ビジネスカタリスト
　　　　公立大学法人首都大学東京 3 次元 CAD 設計、非常勤講師
　　　　株式会社 DEMS、ファブレス（fabless）を 2015 年に設立して活躍中
著　書　「はじめての機械設計」「専門用語を理解する機械設計」（ともに日刊工業新聞社）

ベテランの技を盗め！
設計ミス防止のための検図の着眼点と進め方　NDC 531

2016 年 8 月 27 日　初版 1 刷発行　　（定価は，カバーに表示してあります）

Ⓒ著　者　岡　村　　　　大
　発行者　井　水　治　博
　発行所　日　刊　工　業　新　聞　社
〒103-8548　東京都中央区日本橋小網町 14-1
　　　　　電話　編　集　部　03（5644）7490
　　　　　　　　販売管理部　03（5644）7410
　　　　　　　　Ｆ Ａ Ｘ　　03（5644）7400
　　　　　振替口座　00190-2-186076
　　　　　URL　http://pub.nikkan.co.jp/
　　　　　e-mail　info@media.nikkan.co.jp

印刷・製本　美研プリンティング㈱

2016 Printed in Japan　　乱丁，落丁本はお取り替えいたします。
ISBN 978-4-526-07589-6
本書の無断複写は，著作権法上での例外を除き，禁じられています。